Anne Brunner
Schlüsselkompetenzen spielend trainieren
De Gruyter Studium

Weitere empfehlenswerte Titel

Wissenschaftlich Arbeiten von Abbildung bis Zitat, 2. Auflage
Berit Sandberg, 2013
ISBN 978-3-486-74186-5, e-ISBN (PDF) 978-3-486-77852-6

Marketing für Ingenieure, 3. Auflage
Helmut Kohlert, 2012
ISBN 978-3-486-70790-8, e-ISBN (PDF) 978-3-11-035501-7,
e-ISBN (EPUB) 978-3-11-039655-3

The Inverted Classroom Model
Eva-Marie Großkurth, Jürgen Handke (Hrsg.), 2014
ISBN 978-3-11-034417-2, e-ISBN (PDF) 978-3-11-034446-2,
e-ISBN (EPUB) 978-3-11-039660-7, Set-ISBN 978-3-11-039660-7

Erfolgreich Recherchieren
Herausgegeben von Klaus Gantert
ISSN 2194-3443, e-ISSN 2194-3451

icom
Jürgen Ziegler (Editor in Chief) 3 Hefte pro Jahrgang
ISSN 2196-6826

Anne Brunner

Schlüsselkompetenzen spielend trainieren

Teamspiele von A–Z mit wissenschaftlicher Hinführung, Geschichte, Hintergrund

2., gründlich überarbeitete und erweiterte Auflage

DE GRUYTER
OLDENBOURG

Autorin
Prof. Dr. Anne Brunner
Hochschule München

ISBN 978-3-11-040751-8
e-ISBN (PDF) 978-3-11-040752-5
e-ISBN (EPUB) 978-3-11-042385-3

Library of Congress Cataloging-in-Publication Data
A CIP catalog record for this book has been applied for at the Library of Congress.

Bibliografische Information der Deutschen Nationalbibliothek
Die Deutsche Nationalbibliothek verzeichnet diese Publikation in der Deutschen National-
bibliografie; detaillierte bibliografische Daten sind im Internet über http://dnb.dnb.de abrufbar.

© 2016 Walter de Gruyter GmbH, Berlin/Boston
Coverabbildung: alphaspirit/iStock/Thinkstock
Grafiken: Klaus Brunner
Satz: metamedien | Werbung und Mediendienstleistungen, Burgau
Druck und Bindung: CPI Books GmbH, Leck
♾ Gedruckt auf säurefreiem Papier
Printed in Germany

www.degruyter.com

MIX
Papier aus verantwor-
tungsvollen Quellen
FSC® C083411

Vorwort zur Neuauflage

Die Neuauflage wurde gründlich und vollständig überarbeitet. Dies betrifft sowohl den Text, die Grafiken als auch den Inhalt.

Die wissenschaftlichen Grundlagen (Teil I) wurden deutlich ausgeweitet. Insgesamt hat sich der wissenschaftsbasierte Bereich – inkl. dem neu ergänzten Teil III – geradezu verdoppelt. Diese Erweiterung drückt sich auch in dem verlängerten Untertitel aus. Neu hinzugekommen sind einige klassische Experimente, die zeigen, wozu Gruppen in der Lage sind. Diese führen in die dunklen Seiten des Gruppenlebens, aber auch in die hellen.

Historische Persönlichkeiten kommen noch mehr zu Wort, u. a. *Kurt Lewin*. Er wusste aus eigener leidvoller Erfahrung, was autoritäre Führungsstile anrichten können.

Die Literatursuche wurde gründlich betrieben und geht möglichst bis zu den Primärquellen.

Die Abbildungen wurden deutlich vermehrt. Allein im theoretischen Teil sind die gezeichneten Grafiken mehr als verdreifacht. Hier geht der Dank an den Grafiker. Sämtliche computergestützten Grafiken wurden überarbeitet, um die Lesbarkeit zu verbessern. Auch neue „Schnappschüsse" aus Lehrveranstaltungen wurden aufgenommen. Hier geht der Dank an die beteiligten Studierenden.

In Teil II wurden sämtliche symbolische Grafiken erneuert. Diese begleiten die einzelnen Schritte der Anleitungen und dienen der Übersicht und Orientierung. Sämtliche Spiele werden mit einer darstellenden Grafik eingeführt. So lässt sich auf einen Blick erkennen, worum es geht. Bei einigen Spielen wurde diese erneuert.

Im neu ergänzten Teil III werden Fragen vorgestellt, die sich für die Reflexion eignen. Außerdem werden einige Spiele aus wissenschaftlicher Sicht noch einmal genauer beleuchtet.

Literaturliste und Index wurden deutlich erweitert.

Einige Spiele wurden entfernt, umbenannt oder ergänzt. Die Herkunft der Spiele lassen sich kaum noch zurückverfolgen. Auch in diesem Buch sind viele Varianten von Lehrveranstaltungen geprägt. Einige Spiele oder Varianten wurden neu entwickelt, angeregt durch Originalquellen und eigene Lehrerfahrung (darunter *Apfelbaum*).

Die Literaturhinweise in Teil II sind daher sporadisch und exemplarisch. Ältere Quellen wurden bevorzugt genannt. So läßt sich erkennen, wie lang es dieses Spiel schon gibt, zumindest in einer bestimmten Variante.

Hinweise zur *didaktischen Konzeption und Gestaltung* finden sich in einem separaten Artikel (Brunner 2011, 2006). Auch das Thema *Rückmeldung* und *Feedback* wurde an anderer Stelle ausführlich behandelt (Brunner 2010).

Die Bedeutung von Schlüsselkompetenzen steht außer Frage. Ein Blick in die Stellenanzeigen zeigt, wie wichtig diese Arbeitgebern sind: *nicht Fachidioten, sondern Persönlichkeiten werden gesucht!* Schulen und Hochschulen fühlen sich zunehmend verantwortlich, diese mit zu vermitteln. In die Lehrpläne gehört demnach nicht nur Fachwissen. Mindestens ebenso wichtig sind allgemeine Fähigkeiten, um mit den verschiedenen Herausforderungen des Alltags, der Arbeit und des Lebens zurecht zu kommen.

Eine der wichtigsten Schlüsselkompetenzen ist das lebenslange Lernen. Der vorliegende Band zielt darauf, Bausteine für lebenslanges Lernen, Weiterbildung und Kompetenzentwicklung zu liefern.

Besonderer Dank geht an die Ansprechpartner im Verlag De Gruyter Oldenbourg für die thematische Offenheit und Begleitung, an KB für die grafischen Beiträge, an WG und an AdL für das gründliche Korrekturlesen. Und nicht zuletzt an die Studierenden, die am Lehrangebot „Teamspiele" beteiligt waren und engagiert mitgewirkt haben.

Wir wünschen Ihnen viel Freude beim Lesen und Ausprobieren.

Anne Brunner,
München 2016

„Kompliment" (Teil II)

Inhalt

Teil III: **Anhang**

Um was es geht

Vorgestellt werden Methoden, mit denen Schlüsselkompetenzen spielerisch trainiert werden können: Teamspiele („Team Games"). Dabei geht es weder um Gesellschaftsspiele, noch um Unterhaltungsspiele oder Spiele zum Zeitvertreib. Auch digitale Spiele sind nicht gemeint.

Vielmehr geht es um Übungen, in denen bestimmte Aufgaben spielerisch zu lösen sind. Die Teilnehmer[1] (TN) können dabei verschiedene Rollen einnehmen, ausprobieren und reflektieren.

Wichtig ist die anschließende *Reflexion*: wie ist es gelaufen? Wie habe ich mich verhalten? Wie haben sich die anderen verhalten? Bedeutsam ist auch der anschließende *Transfer*: wo kommen ähnliche Situationen im Alltag vor? Was lässt sich davon übertragen? Was lässt sich daraus lernen?

Die Übungen eignen sich besonders zur *Teamentwicklung* und *Persönlichkeitsbildung*. Der Kontext ist variabel: Seminare, Kurse, Fortbildung, Weiterbildung oder Training; sei es in Hochschulen, Bildungseinrichtungen, Firmen, wissenschaftlichen oder öffentlichen Organisationen.

Prinzipiell werden solche Übungen auch gerne eingesetzt, um das Verhalten der Bewerber zu beobachten, z. B. in Bewerbungsverfahren oder Assessment Centers. Dieser Ansatz soll hier jedoch nicht im Zentrum stehen.

Teil I gibt eine theoretische Einführung in das Thema „Spiel", also in den Kontext der Spielmethoden. Hierzu kommen einige historisch wichtige Persönlichkeiten zu Wort, möglichst im Original.

Zudem befasst sich dieser Teil mit wissenschaftlichen Grundlagen, z. B. aus der Biologie, Evolutions- und Neurowissenschaft. Er gibt auch Einblick in die Spieltheorie. Teil I steht für sich und kann von eiligen Lesern übersprungen werden.

Teil II widmet sich dem praktischen Teil und bildet den Schwerpunkt des Buches. Er beginnt mit einer Übersicht zur thematischen Zuordnung und zu geeigneten Anwendungsfeldern der Übungen.

---

1 Aus Gründen der Lesbarkeit wurde darauf verzichtet, weibliche Formen zu verwenden. Die männliche Form schließt selbstverständlich auch die weibliche ein.

Diese sind alphabetisch geordnet und so aufgebaut, dass sie sich wie ein „Rezept" lesen lassen. Die Übungen sind also weniger zum systematischen Lesen von A bis Z gedacht, sondern eher zum Nachschlagen und selektiven Ausprobieren.

Ein Kriterium bei der Auswahl der Spiele war, dass sich diese in der Praxis bewährt haben sowie möglichst einfach zu organisieren und durchzuführen sind. Dabei wird entsprechende gruppenorientierte Leitungserfahrung vorausgesetzt.

Spiel ist naturgemäß ein weites Feld, mit dem sich unterschiedliche Disziplinen befassen. Hier kann es sich nur um eine Auswahl grundlegender Begriffe, Konzepte und Methoden handeln, ohne Anspruch auf Vollständigkeit zu erheben.

Allen Lesern und Nutzern wünschen wir dabei viel Erfolg und Freude!

Teil I: **Wissenschaftlicher Hintergrund**

1 Was sind Schlüsselkompetenzen?

1.1 Kompetenz, was heißt das genau?

Laut Wörterbuch bedeutet das lateinische Verb *petere*

zu erreichen suchen, streben nach.

Im Begriff „Ap-*petit*" ist es enthalten.
Das Verb *Com-petere* bedeutet demnach

zusammentreffen; zutreffen, entsprechen; zukommen.

Das Adjektiv *competens* findet sich schon im 18. Jhd. und bedeutet in der Juristensprache

zuständig, maßgebend, befugt. *(Duden 2014)*

Der Begriff beinhaltet 3 Dimensionen (Mouton & Blake 1978):
– Wissen
– Fertigkeiten, Können
– Einstellungen, Haltungen

Diese Dimensionen sind demnach Bestandteil aller Kompetenzformen, sowohl fachlicher als auch fachübergreifender Art. Dabei wird die Bedeutung von *Haltungen* häufig unterschätzt:

Einer der am häufigsten vernachlässigten Aspekte bei der Ausbildung [...] ist der gesamte Bereich der persönlichen Einstellung und Werte. *(ebd.: 27)*

Haltungen bestimmen unser Ver-Halten, und zwar oftmals unbewusst.

Tendenzen der persönlichen Einstellungen sind entscheidend für die Nutzung der persönlichen Fähigkeiten. Eine Person mit allgemein positiver Einstellungstendenz kann ein starkes Verlangen haben, ihr Wissen und ihre Fähigkeit zur Erreichung konstruktiver Ziele einzusetzen. Zum Unterschied dazu können negative Einstellungen den Einsatz von Wissen und Fähigkeiten verhindern oder zu falscher Verwendung führen. *(ebd.: 29)*

1.2 ... und Schlüsselkompetenzen?

Was sind *Schlüsselkompetenzen*? Ein Fachlexikon definiert den Begriff so:

> Alle Kenntnisse, Fähigkeiten, Einstellungen und Verhaltensweisen, die
>
> – der Erweiterung bestehender Qualifikationen oder dem Erwerb neuer dienen,
> – für die Bewältigung einer Vielzahl von Aufgabenstellungen grundlegend sind und
> – zum aktiven und kritisch-konstruktiven Umgang mit neuen Techniken, Arbeitsmitteln sowie Organisationsformen der Arbeit befähigen.
>
> Wegen ihrer arbeitsplatz- und fächerübergreifenden Funktion werden die S. auch als extrafunktionale oder **Basisqualifikationen** bezeichnet. *(Schaub & Zenke 2007: 557)*

Geprägt wurde der Begriff in den 1970er-Jahren von dem Volkswirt *Dieter Mertens* (1931–89), der damals noch von *„Schlüsselqualifikationen"* sprach als

> solche Kenntnisse, Fähigkeiten und Fertigkeiten, welche nicht unmittelbaren und begrenzten Bezug zu bestimmten, disparaten praktischen Tätigkeiten erbringen, sondern vielmehr
>
> – die Eignung für eine große Zahl von Positionen und Funktionen als alternative Optionen zum gleichen Zeitpunkt, und
> – die Eignung für die Bewältigung einer Sequenz von (meist unvorhersehbaren) Änderungen von Anforderungen im Laufe des Lebens. *(Mertens 1974: 40)*

Ein anderes Fachlexikon definiert Schlüsselqualifikationen als pädagogische Bezeichnung

> allgemeiner Fähigkeiten, Einstellungen und Strategien, die bei der Lösung von Problemen und dem Erwerb neuer Kompetenzen [...] nutzbar sind. Der Schlüsselcharakter wird in der grundlegenden Wichtigkeit der Qualifikation für die persönliche, meist berufliche, Entwicklung gesehen. [...] Gesellschaftliche Popularität hat der Begriff auf dem Hintergrund der Geschwindigkeit der Veränderung von beruflichen Anforderungen erfahren (Wissensveraltung). *(Echterhoff, in: Dorsch 2013: 1371)*

Auch die *Europäische Union* hat sich bereits mit diesem Thema befasst. Sie definiert den Begriff in einem umfassenden Sinn, der das gesamte Leben einschließt:

Kompetenzen sind hier definiert als eine Kombination aus Wissen, Fähigkeiten und Einstellungen, die an das jeweilige Umfeld angepasst sind. Schlüsselkompetenzen sind diejenigen Kompetenzen, die alle Menschen für ihre persönliche Entfaltung, soziale Integration, Bürgersinn und Beschäftigung benötigen. *(EU 2006: L 394/13)*

Dazu gehören demnach *Eigeninitiative, soziale Kompetenz, Kulturbewusstsein, kulturelle Ausdrucksfähigkeit* sowie *Lernkompetenz*, als Fähigkeit und Bereitschaft, zu Lernen.

Schlüsselkompetenzen werden in allen Fachdisziplinen gebraucht und sind daher fach-*übergreifend*.

In welche Kategorien lassen sich diese einordnen? Zur Übersicht dient eine von der Autorin entwickelte grafische Darstellung: Ein Schlüsselbund mit 5 Schlüsseln, die jeweils bestimmte Räume erschließen (s. Abb. 1.1).

Schlüsselkompetenzen

1. *Personenbezogene*, personale Kompetenz (learning to *be*):
   meine Stärken und Schwächen kennen, Selbstreflexion als innen-orientierte Fähigkeit, über mich selbst nachzudenken; Wertebewusstsein, Achtsamkeit gegenüber mir selbst, Sensibilität, Zuverlässigkeit, Dankbarkeit, Gesundheitsbewusstsein …
2. *Soziale* Kompetenz (learning to *live together*):
   Kommunikation, Zuhören, Sprachkenntnisse, Verständnis, Einfühlungsvermögen, Empathie, Achtsamkeit gegenüber Anderen, Wertschätzung, danken …
3. *Methodische* Kompetenz (learning to *know*):
   präsentieren, moderieren, Feedback geben und annehmen
4. *Aktionale* Kompetenz (learning to *do*):
   Initiative, Tatkraft, Durchhaltevermögen; Strategien entwickeln, Ziele verfolgen …

Diese tradierte Einteilung wird von der Autorin um eine fünfte Kategorie ergänzt:
5. *Reflexive* Kompetenz, (learning to *think*, to *reflect*):
   außenorientierte Fähigkeit, Strukturen, Prozesse und Ergebnisse zu analysieren; mit Abstand und aus der Distanz – „von oben" – reflektieren; systemorientiert denken, ökologisches Bewusstsein …

Wird letztere Kompetenz vernachlässigt, besteht die Gefahr, in einen *blinden Aktionismus* zu verfallen.
Die 5 Schlüssel sind durch einen Schlüsselring miteinander verbunden. In dessen Zentrum stehen die 3 Dimensionen, die eine Kompetenz grundsätzlich kennzeichnen.

Schlüsselkompetenzen

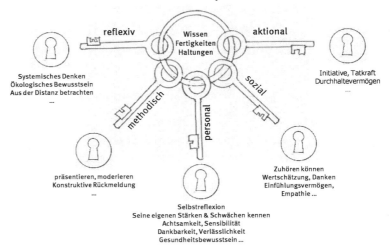

Abb. 1.1: Ein Schlüsselbund mit 5 Schlüsseln, die bestimmte Räume erschließen.

1.3 Wozu?

Warum sind diese fachübergreifenden Kompetenzen so bedeutsam? Der Grund dafür wurde schon in den 1970er-Jahren von *Dieter Mertens* erkannt. Für den damaligen Leiter des *Instituts für Arbeitsmarkt und Berufsforschung* war klar: Lernen bedeutet künftig nicht mehr allein, enges Faktenwissen zu speichern. Der schnelle Fortschritt sorgt dafür, dass dieses in kurzer Zeit überholt ist:

> Das Tempo des Veraltens von Bildungsinhalten ist vermutlich umso größer, je enger sie an die Praxis von Arbeitsverrichtungen gebunden werden. Bildungsinhalte höheren Abstraktionsgrades veralten langsamer und sichern besser vor Fehlleitungen durch Fehlprognosen. Ihnen kommt deshalb in modernen Gesellschaften besondere Bedeutung zu. *(Mertens 1974: 36)*

Schon damals war die fortschreitende Wissensvermehrung absehbar. Was würde Mertens heute zu dem exponentiell wachsenden Kurvenverlauf sagen?

Diese Prognose wurde inzwischen von der *Europäischen Union* bestätigt:

> Die Globalisierung stellt die Europäische Union vor immer neue Herausforderungen, so dass alle Bürger eine breite Palette an Schlüsselkompetenzen benötigen, um sich flexibel an ein Umfeld anpassen zu können, das durch

raschen Wandel und starke Vernetzung gekennzeichnet ist. *(EU 2006: L 394/13)*

Kurzum: Viele Erfordernisse des Lebens, die künftig auf uns zukommen, sind heute noch unbekannt. Lehrende können sie vielleicht ahnen, jedoch nicht wirklich kennen. Schlüsselkompetenzen sind als Meta-Kompetenzen *zukunftsoffen* und können auf neue Situationen vorbereiten.

> Schlüsselkompetenzen umfassen die Bereitschaft und Fähigkeit, selbstorganisiert (neuen) Aufgaben, Situationen, Herausforderungen zu begegnen, angemessene Handlungsoptionen zu entwickeln und diese erfolgreich umzusetzen. *(Heyse & Schircks 2012: 20)*

1.4 Wie vermitteln?

Wie können diese entwickelt werden? Dies ist eine besondere didaktische Herausforderung:

> Ihre Entwicklung ist an die Bewältigung konkreter beruflicher oder schulischer Anforderungen gebunden, denn nur von tatsächlichen Aufgabenstellungen her kann die Bedeutung allgemeiner Befähigungen (abstrahierendes und logisches Denken, Planen, Disponieren, Kontrollieren, Informieren, systematische Fehlersuche, kooperatives Handeln, Selbständigkeit usw.) erfahren werden. *(Schaub & Zenke 2007: 557)*

Im Gegensatz zu Fachwissen ist es wenig sinnvoll, Schlüsselkompetenzen abstrakt und theoretisch zu vermitteln.

> Erfahrungen, Werte, Kompetenzen können wir uns nur durch emotions- und motivationsaktivierende Lernprozesse aneignen. Solche Lernprozesse haben oft den Charakter von Trainingsprozessen: als Selbsttraining, Kleingruppentraining, Einzeltraining. *(Heyse & Erpenbeck 2009: XXII)*

Typische didaktische Methoden, wie Vorlesungen, Seminare, Frontalunterricht und Großgruppenformate sind hier wenig sinnvoll:

> Informationsveranstaltungen, Vorträge, Planspiele, Fallbeispiele und viele andere bewährte Weiterbildungsmethoden zur Wissensaneignung helfen hier nicht weiter; es sind **neue** Inhalte und Formen der Weiterbildung gefragt, wenn es um die Kompetenzentwicklung geht. *(ebd.)*

Teamspiele sind besonders geeignet, um Schlüsselkompetenzen zu entwickeln. Spiel ist nachweislich eine wirkungsvolle Methode, etwas zu lernen. Die spielerisch gewonnenen Erfahrungen prägen sich tief in das Gedächtnis ein und bleiben lang, vielleicht lebenslang unvergesslich.

Die vorgestellten Teamspiele sind vor allem der *sozialen* und *methodischen* Kompetenz zugeordnet, wobei die Grenzen fließend sind.

Es sind **neue** Inhalte und Formen der Weiterbildung gefragt, wenn es um die Kompetenzentwicklung geht. (Heyse & Erpenbeck 2009)

„Ei(n)fall" (Teil II)

2 Gruppen, Teams

2.1 Einige Definitionen

2.1.1 Was ist eine *Gruppe?*

Laut Duden ist das Substantiv seit dem 16. Jhd. bezeugt. Es bezeichnet

> eine Ansammlung mehrerer Individuen oder Gegenstände, die durch gleichgeartete Interessen oder Zwecke, durch gemeinsame Merkmale o. Ä. miteinander verbunden sind. *(Duden 2014: 357)*

Entlehnt ist es dem italienischen *gruppo,* das *Ansammlung, Schar, Gruppe* bedeutet.
Laut Fachlexikon ist eine *Gruppe*

> eine Anordnung von Dingen und Menschen, zugleich Ausdruck einer inneren Beziehung. *(Six, in: Dorsch 2013: 656)*

Dabei sind bestimmte Kriterien zu erfüllen:

> Um zwei oder mehr Personen die Bezeichnung Gruppe zukommen zu lassen, müssen entweder zwischen ihnen [...] Interaktionen vorhanden sein oder sich eine Strukturierung, d. h. Ansätze zu einer Rollenverteilung eingeleitet haben. *(ebd.: 657)*

Kurt Lewin, der noch öfters zu Wort kommen wird, definiert es so:

> Gruppen sind soziologische Ganzheiten; die Einheit dieser soziologischen Ganzheit lässt sich [...] in der gleichen Weise definieren wie eine Einheit jeder anderen dynamischen Ganzheit, nämlich durch die gegenseitige Abhängigkeit ihrer Teile. *(Lewin 1939/1953: 43)*

Gruppen lassen sich in verschiedene Kategorien einteilen. Hier werden nur einige wichtige genannt (s. Abb. 2.1):
1. Primär versus Sekundär
   a. *Primärgruppe*: gemeinsame Ziele, Werte und Normen, Vertrauen, enges Verhältnis (Familie, religiöse Gemeinschaft ...)
   b. *Sekundärgruppe*: loser Zusammenschluss, soziales Umfeld (Beruf, Freizeit, Verein ...)

2. Formell versus informell
   a. *formell*: organisatorische Vorgaben (Sitzung, Konferenz …)
   b. *informell*: privates Interesse, Freizeit (Sport, Hobby …)

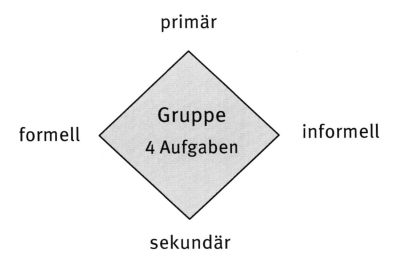

Abb. 2.1: Gruppen lassen sich in bestimmte Kategorien einteilen. Genannt sind jeweils Gegensatzpaare. (Fröhlich 2010: 228f)

Der Mensch im Plural, so nennt Hofstätter eine *Gruppe, eine der* gro-ßen Entdeckungen des *Homo Sapiens* (Hofstätter 1986: 27). Was unterscheidet diese von der Familie?

> Die Familie lässt sich gar nicht entdecken, da sie kein außerhalb ihrer selbst gelegenes Bedürfnis befriedigt; sie ist Selbstzweck und verkümmert als Mittel zu anderen Zwecken. Eben in diesem Sinne ist die Gruppe im Prinzip nicht Selbstzweck, sondern eine Vorkehrung, mit deren Hilfe sich die verschiedensten Ziele erreichen lassen. *(Hofstätter 1986: 28)*

Im Unterschied zu einer Masse ist in einer Gruppe eine gewisse *Rollenverteilung* und ein gemeinsames *Ziel erkennbar* (ebd.: 30).

Aus dem Blick der Systemtheorie ist eine Gruppe ein autonomes Sozialsystem, das auf Feedback und Rückkopplung reagiert:

> Niemand kann eindeutig vorhersagen, wie ein bestimmter Einfluss von außen wirken und wie eine Gruppe darauf reagieren wird. Jede Intervention hat neben den beabsichtigten immer auch ungewollte Folgen. *(König & Schattenhofer 2015: 19)*

Nach Tuckman entwickeln Gruppen eine Eigendynamik, die sich in 5 Phasen einteilen lassen:

1. *Forming:* gründen, einsteigen, finden – *Kontakt*
2. *Storming:* streiten, sich auseinandersetzen – *Konflikt*
3. *Norming:* regeln, übereinkommen, Vertrag abschließen – *Kontrakt*
4. Performing: arbeiten, leisten – *Kooperation*
5. *Re-Forming:* sich neu orientieren

Nach diesem Modell muss eine Gruppe diese Etappen immer wieder neu durchleben. Es ist der ewige Kreislauf von einem Gruppenprozess, der sich wie ein Karussell oder eine Uhr laufend dreht (Tuckman 1965, Stahl 2012: 68; s. Abb. 2.2).

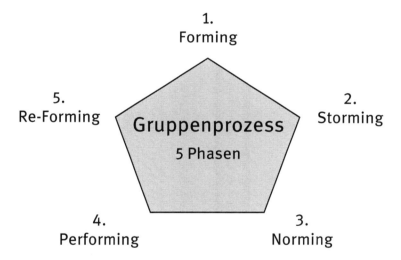

Abb. 2.2: Der Gruppenprozess lässt sich in 5 Phasen einteilen. Diese werden immer wieder durchfahren, wie Stationen auf einem Karussell. (Nach Tuckman 1965; in: Stahl 2012: 68)

2.1.2 Was ist ein Team?

„*T*oll, *E*in *A*nderer *M*acht's", so wird TEAM im Volksmund etwas schmunzelnd definiert.

Das Substantiv wurde Anfang des 20. Jhd. aus dem Englischen übernommen und bedeutet *Nachkommenschaft, Familie, Gespann.* Verwandt ist es mit dem deutschen Wort *Zaum*:

> Riemenwerk und Trense, die einem Reit- und Zugtier, besonders einem Pferd am Kopf angelegt werden. *(Duden 2014: 938)*

Möglicherweise klingt hier der *Zügel* und die *Leine* an, an der man *zieht*. Im Idealfall ziehen dabei alle an einem Strang.

Jedes Team ist eine Gruppe, doch nicht jede Gruppe ist ein Team. Teams entstehen bezogen auf eine bestimmte Aufgabe. Um das Ziel zu erreichen, müssen die Mitglieder zusammenarbeiten.

> Teams sind Gruppen mit einem „Doppelgesicht". Sie sind sowohl ein Arbeitsinstrument zur Erfüllung einer Aufgabe, als auch ein soziales System, das eine eigene soziale Dynamik entwickelt und das Verhalten seiner Mitglieder prägt. *(König & Schattenhofer 2015: 18)*

Es geht daher nicht nur um das *Was (die Aufgabe)*, sondern auch um das *Wie (den Umgang miteinander)*. Dieses Spannungsverhältnis erfordert ein hohes Maß an Reflexion und Selbstreflexion.

> Teamarbeit ist somit ein anspruchsvolles Instrument der Zusammenarbeit. Und die hohen Anforderungen, die sie stellt, sind den Beteiligten – zumindest in den Anfängen der Teamarbeit – nicht immer bewusst. *(ebd.: 19)*

Teamarbeit ist in der Arbeitswelt zunehmend verbreitet. Arbeitsgruppen und Projektgruppen sind häufig Zusammenschlüsse auf Zeit. Sie bilden relativ kleine, agile Funktionseinheiten. Diese sind durch flache Hierarchien eher horizontal organisiert, im Gegensatz zu starren, vertikalen Strukturen.

> Die Verbreitung von Teamarbeit – nicht nur im sozialen und kulturellen Sektor, sondern auch in Verwaltung und Wirtschaftsunternehmen – erklärt das in den 1990er-Jahren erneut entstandene Interesse an gruppendynamischen Fragen und Trainingsformen. *(ebd.)*

Die digitale Revolution wird diesen Trend befördern. Zukunftsforscher gehen davon aus, dass die Arbeit künftig weniger an feste Orte und Zeiten gebunden, sondern eher flexibel in Teams und Projekten organisiert sein wird. Ratgeber für Teamarbeit und Teamleiter sind daher gefragt.

Eine geeignete Methode zur Reflexion sind bestimmte Fragen. Damit lässt sich z. B. eruieren, welche Positionen die einzelnen Mitglieder im Team bisher einnehmen:

> Wer nimmt die Führungsrolle ein? Wer ist der stille Beobachter? Wer hat die kluge Beraterrolle? Gute Teamleiter achten darauf, auch die ruhigen und et-

was schweigsamen Mitglieder zu fragen. ‚Stille Wasser sind oft tief'! *(Brunner 2013a: 89)*

Diese Fragen lassen sich auch mit spielerischen Methoden „durchspielen". In Teamspielen werden Rollen und Positionen oft schnell sichtbar und deutlich.

Jede Intervention hat neben den beabsichtigten immer auch ungewollte Folgen. (König & Schattenhofer 2015)

„Malerduo" (s. Teil II)

2.2 Klassische Experimente

Die Eigendynamik von Gruppen hat ihre Licht- und Schattenseiten. Klassische Experimente konnten beide Extreme beleuchten.

2.2.1 Lichtseite

Hawthorne-Effekt
In den 1920er-Jahren wurde der Hawthorne-Effekt entdeckt. Schauplatz waren die *Hawthorne-Werke* der Western Electric Company in den USA. Diese Fabrik stellte vor allem Telefone her und beschäftigte fast 30.000 ArbeiterInnen. Der australische Soziologe *George Elton Mayo* (1880–1949) wollte ursprünglich den Einfluss *objektiver*

Bedingungen auf die Arbeitsleistung untersuchen. So wurden 2 Gruppen gebildet:

1. *Versuchsgruppe*: hier wurden z. B. die Lichtverhältnisse verändert
2. *Kontrollgruppe*: hier wurde nichts verändert.

Das Ergebnis war überraschend: Nicht nur die Versuchsgruppe, sondern auch die Kontrollgruppe war anschließend produktiver und zufriedener. Wie kam das?

Menschliches Verhalten wird offenbar nicht nur durch *harte* Fakten, sondern auch durch *weiche* Faktoren beeinflusst. Allein die Anwesenheit der Forscher schien sich positiv auszuwirken.

> Veränderungen der Arbeitsbedingungen (z. B. verbesserte Beleuchtung, veränderte Pausengestaltung) hatten jedoch nicht den erwarteten Effekt. Dagegen wirkten sich [...] Anwesenheit, Anteilnahme und Kontaktpflege der Untersucher zufriedenheits- und produktionssteigernd aus. *(Fröhlich 2010: 234)*

Die Forscher konnten auch zeigen, dass ein bestimmter Führungsstil die Leistungsbereitschaft erhöhte: *nicht-direktiv* und *verständnisorientiert*.

Mayo beklagt schon damals, dass weiche Faktoren, wie Teamarbeit, völlig unterschätzt werden:

> For the larger and more complex the institution, the more dependent it is upon the whole-hearted co-operation of every member of the group. *(Mayo 1949: 62)*

Führungskräfte, die nur die objektiven Faktoren beachten, weist er darauf hin, dass sie unzureichend ausgebildet wurden und wichtige zwischenmenschliche Wirkfaktoren ausblenden:

> He is actually telling us that he has himself been trained to give all his attention to the first and second problems, technical skill and the systematic ordering of operations. He does not realize that he has also been trained to ignore the 3rd problem completely (the organization of sustained co-operation). *(ebd.: 76)*

Mayo gibt diesen Personalverantwortlichen eine Botschaft mit. Ein Problem leugnen bedeutet *nicht*, dass es *nicht* existiert:

> For such persons, information on a problem, the existence of which they do not realize, is no information. *(ebd.)*

Hawthorne brachte die Macht der sozialen, *weichen* Faktoren ans Licht und machte diese Experimente berühmt.

2.2.2 Schattenseiten

Das Milgram-Experiment

Im ungünstigen Fall können Gruppen in die dunkle Seite der menschlichen Natur absteigen. Klassische Experimente dazu fanden in der Zeit um und nach dem 2. Weltkrieg statt, unter dem Schock der Geschehnisse im 3. Reich. Dazu gehörte das *Milgram-Experiment*.

Vorgänger waren Studien des amerikanischen Mediziners *Jerome David Frank* (1909–2005). Der Psychiater untersuchte die Widerstandsbereitschaft von College-Studenten, denen er völlig sinnlose Aufgaben stellte. Dazu gehörte das *Soda-Cracker-Experiment* in den 1930er-Jahren. Wie bereitwillig würden die Studenten gehorchen, diese unappetitlichen Nahrungsmittel zu sich zu nehmen? Sein Fazit war ernüchternd; die meisten Studenten gehorchten den Anweisungen:

> When the instructions are that the experiment requires eating, students typically eat with full acceptance, as shown by absence of resistance, rapid eating and short intervals between crackers. *(Frank 1944: 40)*

An diese Untersuchungen knüpfte *Stanley Milgram* (1933–1984) an. Der US-amerikanische Psychologe stellte ursprünglich die Frage, ob Gehorsamsbereitschaft das Problem einer Nation (nämlich Deutschland) sei. Das Ergebnis schockierte. Offenbar handelte es sich um Verhaltensmuster, die unabhängig von einzelnen Ländern waren: Einer angeblichen Autorität wurde mehr gehorcht als dem eigenen Gewissen.

Das erste *Milgram-Experiment* fand 1961 in den USA an der Yale Universität statt. Die erwachsenen Versuchspersonen waren durch Zeitungsanzeigen zufällig ausgewählt und hatten die Rolle des *Lehrers* (L) einzunehmen. Dieser sollte einen Sprachtest mit einem *Schüler* (S) durchführen, den er durch eine Glasscheibe sehen und hören konnte. S sollte sinnvolle Wortpaare bilden und saß scheinbar auf einem „elektrischen Stuhl", war also mit Kabeln „verdrahtet". L wiederum wurde von einem *Versuchsleiter* (V) kontrolliert. Dieser erklärte, dass L die Fehler von S bestrafen kann, indem er per Knopfdruck „Stromschläge" versetzt. V war als Autoritätsperson mit einem Kittel bekleidet und blieb in der Nähe von L anwesend. Von dort erklärte er die Regeln, erinnerte daran, spornte an und übte notfalls Druck aus (s. Abb. 2.3).

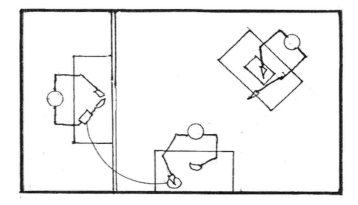

Abb. 2.3: Milgram Experiment: Die Versuchsperson ist in der Rolle des Lehrers (L). Er sitzt zwischen dem Schüler (S) und dem Versuchleiter (V). L wird von V angewiesen, Fehler von S zu bestrafen. (nach Milgram 1974/2013: 111)

Was die Versuchsperson (L) nicht wusste: Das Opfer (S) war ein Helfer von V, spielte also nur eine Rolle. Die Stromschläge waren außerdem nicht real.

Das Resultat: Die meisten „Lehrer" waren bereit, mit elektrischen Stromschlägen zu strafen und dabei die Schmerz-Reaktionen des Opfers zu übergehen. Und nicht nur das: Sie erhöhten die Dosis so sehr, dass sie unter realen Bedingungen unerträglich und sogar lebensbedrohlich gewesen wären.

Offenbar beeindruckte die anwesende Autoritätsperson mehr als das leidende Opfer. Die meisten Versuchspersonen gaben dem Druck nach und gehorchten den Befehlen.

Wie konnte es soweit kommen? Milgram erklärt dies so:

> Das Wesen des Gehorsams drückt sich in der Tatsache aus, dass ein Mensch dahin kommt, sich selbst als Werkzeug zu verstehen, das den Willen eines anderen Menschen ausführt, und sich selbst nicht mehr als verantwortlich anzusehen für das eigene Handeln. *(Milgram 1974/2013: 11)*

Es ist wie ein „Seitenwechsel", den ein Mensch in diesem Moment vollzieht:

> Hat ein Mensch erst einmal diese entscheidende Wendung vollzogen, dann treten bei ihm alle Wesensmerkmale des Gehorsams auf. *(ebd.)*

Dabei waren es keine außergewöhnlichen oder gestörten Personen, die sich so verhielten:

> Ganz gewöhnliche Menschen, die nur schlicht ihre Aufgabe erfüllen und keinerlei persönliche Feindseligkeit empfinden, können zu Handlungen in einem grausigen Vernichtungsprozess veranlasst werden. *(ebd.: 22)*

Milgram führte Umfragen unter Psychologen durch: Er schilderte ihnen den Versuch, ohne das Ergebnis zu verraten. Die anschließende Abstimmung war eindeutig: Keiner von den „Experten" hatte einen solch negativen Ausgang erwartet.

> Sie stellten ein Konzept des Wünschenswerten auf und nahmen an, darauf werde die entsprechende Handlung folgen. Damit beweisen sie jedoch wenig Verständnis für die Verflechtungen, die in einer tatsächlichen sozialen Situation wirksam werden. *(ebd.: 46)*

Was führt zu einem solchen Verhalten? Nach Milgram ist der zentrale Punkt das Verantwortungsgefühl:

> Die weitverbreitete gedankliche Anpassung bei einer gehorsamen Versuchsperson besteht darin, dass sie sich als nichtverantwortlich für ihre eigenen Handlungen betrachtet. *(ebd.: 24)*

Es geht demnach um einen *fundamentalen Denkmodus*, der in einer autoritären Struktur leicht einsetzt:

> Das Verschwinden von Verantwortungsgefühl ist die am weitesten reichende Konsequenz der Unterordnung unter eine Autorität. *(ebd.: 25)*

Milgram führte diesen Versuch in mehreren Varianten durch. *Die gute Nachricht*, die kaum berichtet wird: Es gab eine Variante, die ein anderes Ergebnis hervorbrachte. (s. Abb. 2.4).

Die Versuchsperson (L 3) war Teil eines Trios. Die beiden anderen „Lehrer" (L1 & L2) waren Helfer von V und instruiert, sich ab einem gewissen Punkt zu verweigern, also aus dem „Spiel" auszusteigen. Sie standen nacheinander auf, widersprachen den Anweisungen und setzten sich in die Ecke des Raums. L3 saß also allein am Drücker. Wie würde er reagieren?

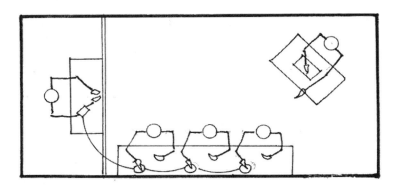

Abb. 2.4: Milgram Experiment: Variante. Die Versuchsperson war als Lehrer (L3) Mitglied einer kleinen Gruppe (L1, L2). Der Schüler (S) war das Opfer. L1 und L2 waren angewiesen, den Versuch zu verweigern und abzubrechen. Wie würde L3 reagieren? (nach Milgram 1974/2013: 139)

Nun kommt die *gute Nachricht:* Die meisten Versuchspersonen schlossen sich ihren Vorgängern an und verweigerten sich ebenso!

Milgram war beeindruckt, wie positiv sich die Gruppe in dem Fall auswirkte:

> Die Wirkung der Auflehnung von Gleichrangigen auf die Beschneidung der Autorität des Versuchsleiters ist sehr eindrucksvoll. In der ganzen Reihe von Variationen, die in dieser Untersuchung durchgeführt wurden, gab es keine, in der die Autorität des Versuchsleiters wirksamer eingeschränkt wurde, als in der hier dargestellten Anordnung. *(ebd.: 139f)*

Milgram empfiehlt daher, sich Gleichgesinnte zu suchen, um einer Situation von Machtmissbrauch zu entkommen. Sein Fazit:

> Will eine Person sich in Opposition zur Autorität stellen, dann ist es am besten, wenn sie sich die Unterstützung anderer in ihrer Gruppe für ihre Position sucht. Der gegenseitige Halt, den Menschen einander bieten, ist das stärkste Bollwerk gegen Auswüchse der Autorität, das wir besitzen. *(ebd.: 143)*

Milgram beschreibt noch einige weitere Lichtblicke. Darunter:

Eine einzelne Versuchsperson verweigerte sich, weiterzumachen und brach den Versuch ab. Wer das war? Ein Professor für Theologie. Obwohl der Versuchsleiter massiven Druck auf ihn ausübte, zeigte er sich wenig beeindruckt,

> ... sondern behandelte ihn vielmehr wie einen stumpfsinnigen Techniker, der die umfassenden Weiterungen (Folgen*) seinen Tuns nicht begreift. *(*Anm. der Autorin; ebd.: 65)*

Auf die spätere Frage, welche Methode am wirksamsten sei, um Widerstand gegen unmenschliche Autorität zu stärken, antwortete er:

> Wenn man als seine höchste Autorität Gott ansieht, dann wird menschliche Autorität zu etwas Nichtssagendem. *(ebd.: 66)*

Eine Haltung, die an spirituell verankerte Widerstandkämpfer erinnert, wie die Geschwister Scholl, Dietrich Bonhoeffer oder Gandhi.

Zwei weitere Hoffnungsschimmer gab es in der Versuchsreihe:

Waren sich zwei Autoritätspersonen (V1 & V2) uneins und gaben widersprüchliche Anweisungen, brachen die Versuchspersonen (L) eher ab und verweigerten den Gehorsam.

Außerdem hatte die räumliche Nähe des Schülers (S) Auswirkung auf das Verhalten der Versuchsperson (L). Je näher das Opfer (S) bei L saß, desto häufiger verweigerte sich dieser, Schmerz zuzufügen. Am größten war der Widerstand bei der größten Nähe, also in Berührungsnähe. Diese löste die größte Empathie aus:

> Es ist möglich, dass die mit dem Schmerz des Opfers verbundenen visuellen Hinweise in der Versuchsperson einfühlsame Reaktionen auslösen und ihr ermöglichen, die Erfahrungen, die das Opfer durchmacht, umfassender zu begreifen. *(ebd.: 53)*

Das Stanford-Gefängnis-Experiment

Ein weiterer Klassiker, der traurige Berühmtheit erlangte, war das *Stanford-Gefängnis-Experiment*. Der US-amerikanische Psychologe *Philip George Zimbardo* (geb. 1933) führte es 1971 in den USA an der Stanford Universität durch. Die Versuchspersonen waren Studenten, per Zeitungsannonce zufällig ausgewählt. Diese wurden in 2 Gruppen eingeteilt: Gefangene und Wärter. Die angeblichen „Zellen" befanden sich im Keller der Universität. Der Forscher erinnert sich:

> Was passiert, wenn man rechtschaffene Menschen an einen Ort des Bösen bringt? Siegt die Humanität über das Böse oder triumphiert das Böse? Dies sind einige der Fragen, die wir uns bei dieser spannenden Simulation des Gefängnislebens im Sommer 1971 an der Stanford Universität stellten. *(Zimbardo 2015)*

Das Ergebnis kam überraschend: Obwohl es sich nur um ein *Rollen-Spiel* handelte, eskalierte es derart, dass es nach wenigen Tagen abgebrochen werden musste.

> Wie wir bei der Untersuchung dieser Fragen vorgingen und was wir herausfanden, mag Sie erstaunen. Unsere für zwei Wochen geplante Untersuchung über die Psychologie der Haft musste aufgrund der Auswirkungen der Situa-

tion auf die teilnehmenden Studenten bereits nach sechs Tagen vorzeitig beendet werden. In nur wenigen Tagen wurden unsere Strafvollzugsbeamten zu Sadisten und unsere Gefangenen zeigten Anzeichen von Depressionen und extremem Stress. *(ebd.)*

Bei den *Opfern* gab es zwei Verhaltensmuster: Einige wollten nach kurzer Zeit erlöst werden, andere verhielten sich völlig unterwürfig:

> Some of the students begged to be released from the intense pains of less than a week of merely simulated imprisonment, whereas others adapted by becoming blindly obedient to the unjust authority of the guards. *(Haney & Zimabardo 1998: 709)*

Zimbardo betont, dass die Versuchspersonen zu Beginn alle emotional stabil und „normal" waren. Dies galt auch für die *Wärter,* von denen einige zu Beginn sogar angaben, in politischer Hinsicht pazifistisch eingestellt zu sein:

> Many of these seemingly gentle and caring young men, some of whom had described themselves as pacifists or Vietnam War 'doves', soon began mistreating their peers and were indifferent to the obvious suffering that their actions produced. *(ebd.)*

Aus diesen „guten Äpfeln" *(good apples)* wurden in kürzester Zeit „faule Äpfel" *(bad apples).* Die Misshandlungen nahmen nachts eher noch zu, wenn sich die „Wärter" vom Forscherteam unbeobachtet fühlten. Auch die eher passiven „Wärter" griffen weder ein noch beschwerten sie sich. Die Erlösung kam erst mit dem vorzeitigen Abbruch des Experiments.

Zimbardo bilanziert Jahrzehnte später rückblickend, wie dünn das Eis der Zivilisation ist, auf dem wir stehen:

> Out of the window went the moral upbringings of these young men, as well as their middle-class civility. Power ruled, and unrestrained power became an aphrodiasiac. *(Zimbardo 2007: B6)*

Der Forscher warnt davor, die Macht von hierarchischen Einflussfaktoren und Situation zu unterschätzen:

> Group pressures, authority symbols, dehumanization of others, imposed anonymity, dominant ideologies, lack of surveillance, and other situational forces can work to transform even some of the best of us into Mr. Hyde monsters […]. We must be more aware of how situational variables can influence our behavior. *(ebd.)*

Dabei ist das „Böse" nicht unbedingt auffallend, sondern eher unauffällig. Zimbardo empfiehlt daher, sich an historische *Helden* zu
erinnern und deren Verhalten genauer zu untersuchen. Diese können berühmt dafür sein, ihr Leben für eine gute Sache geopfert zu
haben, oder einfach nur in einem Büro sitzen. Von ihnen können wir
lernen, die *Banalität des Bösen* (Hanna Arendt) zu erkennen und
rechtzeitig dagegen vorzugehen. Welche Muster lassen sich dabei
erkennen?

> Der Schlüssel zum Widerstand liegt in der Beherrschung der drei ‚S': Selbst-
> erkenntnis, situative Sensibilität und Street Smartness (etwa: Cleverness,
> Schläue). *(Zimbardo 2012: 415)*

Zimbardo hat ein 10-Stufen-Programm entwickelt, um „*Widerstands-
strategien*" zu üben und zu trainieren (ebd.: 415f). Dazu gehören
Merksätze wie
- „*Ich habe einen Fehler gemacht*": Eigene Fehler eingestehen,
  nach dem Motto: Irren ist menschlich.
- „*Ich bin achtsam*": Alarmsignale in der Umgebung wahrneh-
  men, wie irreführende Werbespots oder polemische Sprüche.
- „*Ich werde meine persönliche Identität behaupten*": Sich nicht
  „deindividuieren" lassen; nicht zulassen, dass man in eine
  Schublade gesteckt oder zum Objekt gemacht wird.

„*Die Hölle, das sind die anderen*" (L'Enfer c'est les autres), so nennt
Jean-Paul Sartre (1905–80) die dunkle Seite des menschlichen Zu-
sammenseins. Sein Theaterstück *Geschlossene Gesellschaft* (*Huis
Clos*, wörtlich: „Geschlossene Türen") zeigt 3 Menschen (2 Frauen,
1 Mann), die sich nach ihrem zeitlichen Ableben in der Hölle wieder-
finden. Dort dominieren Angst und Hass, einer quält den anderen,
und dies in wechselnden Bündnissen und Gegnerschaften. Am Ende
dieser quälenden Zeitspanne gibt es plötzlich die große Chance: Die
Tür öffnet sich. Und was passiert? Nichts! Keiner bewegt sich, aus
Angst vor der Freiheit. „*Also – machen wir weiter*", so die endlose
Perspektive (Sartre 1991: 59).
    Dieses Stück, 1947 veröffentlicht, entstand unter dem Eindruck
des 3. Reiches. Es zeigt die Gefahr *geschlossener Systeme*, in denen
sich Menschen das Leben zur Hölle machen können. Sartre betont,
dass dies nicht für jede menschliche Beziehung gilt, sondern nur für
gestörte Beziehungsmuster:

> Ich will sagen, wenn die Beziehungen zu andern verquer, vertrackt sind,
> dann kann der andere nur die Hölle sein. Warum? Weil die anderen im

Grund das Wichtigste in uns selbst sind, für unsere eigene Kenntnis von uns selbst. *(Sartre 1991: 61)*

Nach diesem Ausflug in die Höhen und Tiefen des Gruppenlebens wird es Zeit, sich wieder der heiteren Seite von Teams zuzuwenden.

Weil die anderen im Grund das Wichtigste in uns selbst sind, für unsere eigene Kenntnis von uns selbst.
(J.-P. Sartre)

„Malerduo" (Teil II)

3 Teamspiele: Ein Blick zurück

Teamspiele haben eine weite Verbreitung gefunden – sowohl im angloamerikanischen Raum als auch in Europa. Wo haben sie ihren Ursprung?

Hier sind zwei große Entwicklungslinien zu beobachten:
1. Die Reformpädagogik mit ihrem Zweig der *Erlebnispädagogik* (u. a. *Kurt Hahn*)
2. Die *Gruppendynamik* um *Kurt Lewin*

3.1 Reformpädagogik

Die „*Reformpädagogik*" steht für eine Bewegung um 1900, die die Erlebnisarmut damaliger Schulen kritisierte. Es war die Zeit der kaiserlichen Hierarchien und der Fabriken. Typisch war der

> Aufbau eines verschulten, bürokratischen, selektiven Schulsystems im wilhelminischen Obrigkeitsstaat und der mit der Industrialisierung, Verstädterung und Mobilität einhergehende gesellschaftliche, technische, ökonomische und kulturelle Umbruch. *(Schaub & Zenke 2007: 525)*

Eine Gegenbewegung war die *Lebensreform*, die die Rückbesinnung auf die Natur forderte und darauf zielte,

> an der Kreation des *Neuen Menschen* (zu) arbeiten. *(Tenorth & Tippelt 2012: 451)*

Reformpädagogische Prinzipien zielen darauf, das Leben in die Schulen zurückzuholen: Erlebnis, Erfahrung und Ergriffenheit.

> Die Blüte der Reformpädagogik endet in der Mitte des 20. Jhd., aber mit einzelnen ihrer Ziele und Programme bleibt sie inspirierend bis heute. *(ebd.: 599)*

Ein reformpädagogischer Zweig ist die *Erlebnispädagogik*. Sie öffnet die Schultüren und führt hinaus ins Freie: Wandern, Segeln, Expedition, Bergsteigen, Rettungsdienst, Spiel und Theater. Ziel ist es, reale Erfahrungen und Erlebnisse zu ermöglichen, damit

> Möglichkeiten der Bildung der Persönlichkeit, der Selbsterziehung und der Intervention [...] entstehen und genutzt werden können, die anderen Erfahrungen, etwa in Schulen oder bei kognitiv dominierten Lernprozessen fehlen. *(ebd.: 195)*

Damit soll ein ganzheitliches Lernen erreicht werden,

> das kognitive Fähigkeiten, psycho-motorische Kräfte und Vermögen, Verstehen und Emotionalität, moralische Sensibilität und soziale Verantwortung in seinen Wechselwirkungen erlebbar macht. *(Schaub & Zenke 2007: 206)*

Dies war ein zentrales Anliegen von *Kurt Hahn* (1886–1974). Der deutsche Pädagoge jüdischer Herkunft gründete 1920 zusammen mit *Prinz Max von Baden* das Landerziehungsheim „Schloss Salem" am Bodensee. 1933 wurde er nach kurzer Verhaftung aus dem Schuldienst entlassen. 1934 emigrierte er nach Schottland, wo er ein Internat gründete. Nach dem 2. Weltkrieg folgten weitere Gründungen, die z. T. bis heute bestehen: die *United World Colleges*.

Hahn diagnostizierte bestimmte gesellschaftliche Störungen und Mängel seiner Zeit. Eine seiner *„trüben Diagnosen"* beschreibt er 1954 nach seiner Rückkehr nach Deutschland:

> Schließlich haben wir die Kaltherzigkeit, die William Temple, der verstorbene Erzbischof von Canterbury, den Seelentod nannte. Diese in einem unheimlichen Tempo fortschreitende Seuche erklärt sich durch die unziemliche Hast des modernen Lebens, welche die Erlebniskraft zu knicken droht. Intensive Erfahrungen jagen einander. Man kommt nicht dazu, einen Gedanken zu Ende zu denken oder gar ein Gefühl zu Ende zu fühlen. Große Freuden und selbst Kummer [...] werden von der grausamen Pausenlosigkeit unseres Daseins verschlungen. Wer kann noch allein sein, um sich zu sammeln? Und dabei kann die Menschenliebe nur in der Selbstbesinnung tiefe Wurzeln schlagen. *(Hahn 1954/1958: 72)*

Diese Gefahren erkannte Hahn bereits in den 1950er-Jahren. Was er zu der heutigen Zeit sagen würde?

Wie lassen sich diese Zeitkrankheiten heilen? Hier hat die Pädagogik für Hahn einen therapeutischen Auftrag:

> Man kann diese Kinderkraft erhalten, ungebrochen und unverdünnt, den unbesiegbaren Lebensmut, das Mitgefühl, die lebhafte Neugierde, die Bewegungsfreude – alle diese Schätze der Kindheit; unter einer Bedingung, dass man an der Schwelle der Pubertät die giftlosen Leidenschaften entzündet: die Lust am Bauen, die Sehnsucht nach Bewährung im Ernstfall, auch in der Gefahr, den Forschungstrieb, die Seligkeit des musischen Schaffens, die Freude an einer Kunstfertigkeit, die Sorgfalt und Geduld erfordert *(ebd.: 73)*

Schon damals beklagt Hahn, dass die Jugend bedroht ist durch die Geschwindigkeit *(„unearned speed")* und durch künstliche Sensationen *(„unearned thrills")*. Grund sind die neuen technischen Möglichkeiten, die den Menschen entfremden und von der Natur entfernen. Er diagnostiziert 4 gesellschaftliche Krankheiten, darunter

Kaltherzigkeit, Mangel an *Sorgsamkeit* und an körperlicher *Fitness* (s. Abb. 3.1).

Abb. 3.1: Kurt Hahn fand 4 Gründe für den gesellschaftlichen Verfall. (Hahn 1958: 72)

Diesen krankmachenden Ursachen setzt Hahn „Heilmittel" aus der Erlebnistherapie entgegen, darunter Expeditionen, Projekte und körperliches Training.

Hahn hat die Erziehung zur Verantwortung im Blick, einen *„tätigen Bürgersinn"* und eine *„staatsbürgerliche Verantwortung".* Dafür braucht es eine bestimmte Fähigkeit:

> Die seelischen Voraussetzungen aller Bürgertugenden ist die Hingabe, das heißt die Fähigkeit des Menschen, seine gesammelte Kraft einer Aufgabe zu widmen, die über seine persönlichen Interessen hinausreicht. *(Hahn 1958: 72)*

In den 1940er-Jahren gründete Hahn in England „Kurzschulen", um solche Erlebnisse und Erfahrungen zu vermitteln. Das Motto: *„outward bound",* also *Fahrt ins Leben,* in Anlehnung an ein startklares Schiff. In mehrwöchigen Kursen durften Jugendliche hinaus auf die Wiesen, an das Wasser oder in die Berge. Hier hatten sie Gelegenheit, sich zu bewegen und zu bewähren, z. B. beim Rettungswesen oder bei Hilfsaktionen. Ziel war die Charakter- und Persönlichkeitsbildung durch beispielhafte Erlebnisse:

> to shape character by experience. *(Kurt Hahn, in Schwarz 1968: 44)*

Diese sollen möglichst intensiv sein, um prägende Spuren zu hinterlassen. Als *„heilsame Erinnerungsbilder"* *(„helpful memories")* sollten
sie auch später im Leben abrufbar sein.

> Where you are passive, you forget; where you are active, you remember.
> *(Hahn 1945, in ebd.: 56)*

Dieser Ansatz deckt sich mit modernen Erkenntnissen der Neurowissenschaften: Lernen und Erinnern hängen eng mit Erfahrungen und
Emotionen zusammen (s. Kap. 4.4.3).

Aus dem erlebnistherapeutischen Ansatz von Kurt Hahn hat sich
inzwischen eine weltweite Bewegung erlebnisorientierter Angebote
entwickelt. Diese finden traditionsgemäß in freier Natur statt, was
jedoch nicht zwingend notwendig ist. Die hier dargestellten Spiele
sind vorwiegend für Innenräume gedacht.

Where you are
passive, you forget;
where you are
active, you
remember.
(K. Hahn)

„Aufstellen" (Teil II)

3.2 Gruppendynamik

Für die Entwicklung der Gruppendynamik werden meist 2–3 wichtige
Wegbereiter genannt: *Sigmund Freud, Jacob Moreno und Kurt Lewin.*

Sigmund Freud (1856–1939) studierte in Wien Medizin und
forschte anschließend in den Bereichen Gehirn und Nervensystem.
Als Nervenarzt begründete er die Psychoanalyse. In seinen Theorien

über die seelische Struktur des Individuums erkannte er auch die Bedeutung, die der Andere als Gegenüber hat:

> Im Seelenleben des Einzelnen kommt ganz regelmäßig der Andere als Vorbild, als Objekt, als Helfer und als Gegner in Betracht und die Individualpsychologie ist daher von Anfang an auch gleichzeitig Sozialpsychologie in diesem erweiterten aber durchaus berechtigten Sinne. *(Freud 1921: 1)*

Jacob L. Moreno (1889–1974) wurde in Bukarest geboren, studierte in Wien Medizin und wurde Psychiater. Aufgrund seiner jüdischen Wurzeln musste er im 3. Reich in die USA emigrieren. Als Begründer der Gruppentherapie entwickelte er die Methode des Psychodramas. Er benutzte den Begriff *group dynamics* wohl bereits 1938, noch vor Lewin (Rechtien, in: Dorsch 2013: 659).

Der eigentliche Pionier der Gruppendynamik war *Kurt Lewin* (1890–1947). Er wurde in der damals preußischen Provinz Posen als Sohn jüdischer Eltern geboren. Er studierte Medizin in Freiburg, München und Berlin, anschließend promovierte er im Bereich Psychologie. 1933 emigrierte er in die USA. Nach verschiedenen Professuren gründet er 1946 am MIT ein Forschungszentrum für Gruppendynamik (*Research Center for Group Dynamics*). Es untersuchte Themen wie Kommunikation, Beeinflussung, soziale Wahrnehmung, Produktivität von Gruppen, Mitgliedschaft, Führung und Führungstraining.

Lewin hatte selbst erfahren, was Menschen einander antun können. Hinter ihm lag eine Zeit der Erniedrigung und Vertreibung aus dem Heimatland, sogar unter Lebensgefahr. Sein Interesse an dem Phänomen „Gruppe" war geweckt.

Der studierte Mediziner ging dabei sehr naturwissenschaftlich heran:

> Ich bin überzeugt, dass es einen sozialen Raum gibt, der alle wesentlichen Eigenschaften eines wirklichen empirischen Raumes besitzt und der genauso viel Aufmerksamkeit seitens der Forscher der Geometrie und Mathematik verdient wie der physikalische Raum, obwohl er nicht physikalischer Art ist. *(Lewin 1939/1953: 41)*

Damit stellte Lewin das Gruppenverhalten auf eine empirische Grundlage. Eine klassische Gruppe sind Schüler in einem Klassenzimmer. Was geschieht, wenn die Türen geschlossen werden? Wie würden die Lehrer die Klassen führen? Und wie würden die Schüler reagieren?

Lewin erkannte, dass es vor allem „weiche" Faktoren sind, die zählen:

> Es ist allgemein bekannt, dass die Größe des Erfolges, den eine Lehrerin im Klassenzimmer hat, nicht nur von ihrer Geschicklichkeit, sondern zu einem großen Teil von der Atmosphäre abhängt, die sie schafft. *(ebd.: 45)*

Was meint Lewin mit „Atmosphäre"? Auch hier zeigt sich sein naturwissenschaftlicher Hintergrund:

> Diese Atmosphäre ist etwas Unfassbares; sie ist eine Eigenheit der sozialen Lage im Ganzen und ließe sich wissenschaftlich messen, wenn man von diesem Punkt an sie heranginge. *(ebd.)*

In Experimenten wurden Schüler unterschiedlichen Führungsstilen ausgesetzt: *demokratisch, laissez-faire und autokratisch (autoritär)*.

Wie würde sich ein autoritärer Führungsstil auf die Schüler auswirken? Die Folgen, die Lewin sah, blieben ihm unvergesslich. Bereits am ersten Tag konnte er die fatalen Spuren erkennen:

> Auf mich haben wenige Erlebnisse einen so starken Eindruck gemacht wie die, den Ausdruck der Kindergesichter im Laufe des ersten Tages der Autokratie sich verändern zu sehen. Die freundliche, aufgeschlossene und zur Zusammenarbeit willige Gruppe, die voll Leben war, wurde innerhalb einer kurzen halben Stunde zu einer ziemlich apathisch aussehenden Versammlung ohne Initiative. *(ebd.: 51)*

Woran ließen sich die Führungsstile unterscheiden?

> In der Autokratie stellte man etwa 30mal soviel feindliche Herrschsucht wie in der Demokratie fest, häufigere Ermahnungen zur Aufmerksamkeit und sehr viel mehr feindselige Kritik; während in der demokratischen Atmosphäre Zusammenarbeit und Belobigung des Kameraden viel häufiger vorkamen. *(ebd.: 48)*

Der jeweilige Führungsstil wirkte sich auch darauf aus, wie die Gruppenmitglieder miteinander umgingen. Die gewonnenen Daten sprachen dafür,

> dass der von dem Führer angestrebte ,Lebens- und Denkstil' die Beziehungen zwischen den Kindern beherrschte. *(ebd.: 48f)*

Autoritär geführte Kinder waren wenig nachgiebig untereinander, dafür jedoch umso nachgiebiger gegenüber dem Führer.

Das Verhältnis zu dem Führer war in der Autokratie unterwürfiger oder hielt sich mindestens auf einer rein sachlichen Grundlage. *(ebd.: 49)*

Autoritär geführte Gruppenmitglieder tendierten dazu, sich untereinander anzugreifen, in Grüppchen aufzuspalten und ein „Ventil" zu suchen, in Form eines *„Prügelknaben":*

Die Kinder in der autokratischen Gruppe taten sich nicht gegen ihren Führer zusammen, sondern gegen eines der Kinder und behandelten es so schlecht, dass es nicht mehr in den Klub kam. *(ebd.: 50)*

Woher kam die erhöhte Aggressivität in autokratisch, d. h. autoritär geführten Gruppen?

Lewin vergleicht es mit einem *physikalischen Modell*: Wird ein Raum durch äußeren Druck verkleinert, erhöht sich darin die Spannung. Ähnliches passiert, wenn die Leitungskraft Druck ausübt, indem sie kontrolliert und kommandiert:

Die Bewegungsfreiheit in autokratischen Gruppen war in Relation zu den erlaubten Aktivitäten und dem erreichbaren sozialen Status verhältnismäßig klein. *(Lewin et al. 1939: 30f)*

Kinder *autokratischer* Gruppen bewegten sich auf immer kleiner und enger werdenden Bahnen. Sie versuchten höchstens, sich Fluchtwege zu suchen, um zu entkommen (s. Abb. 3.2). Kinder *demokratischer* Gruppen hingegen bewegten sich frei im gesamten Raum und erkundeten diesen immer mehr (s. Abb. 3.3). Beide Bewegungsmuster wurden durch den jeweiligen „Führer" und dessen Führungsstil beeinflusst.

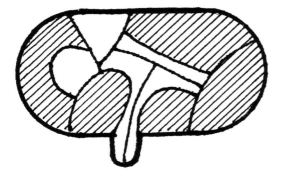

Abb. 3.2: *Autokratischer Führungsstil,* freier Bewegungsraum (weiß): Dieser wurde immer kleiner und enger (grau). Sogar Fluchtwege wurden gesucht, s. Ausstülpung.

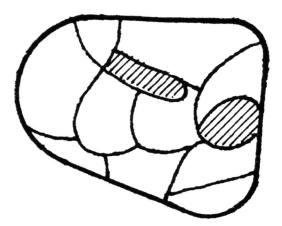

Abb. 3.3: *Demokratischer Führungsstil,* freier Bewegungsraum (weiß): Hier konnten sich die Mitglieder immer freier bewegen und fast den gesamten Raum ausfüllen. (nach Lewin et al. 1939: 33)

Der *demokratische* Führungsstil war hinsichtlich Lernfähigkeit und Sozialverhalten am erfolgreichsten. Die Schüler konnten am besten lernen, waren am wenigsten aggressiv oder apathisch und bildeten Gruppen, die am längsten anhielten.

Lewin beließ es nicht bei der Theorie, sondern setzte die Erkenntnisse in die Praxis um:

> Autokratie wird dem Individuum auferlegt, Demokratie hat es zu lernen. *(Lewin 1939/1953: 51)*

Gruppenleiter, meist Lehrer und Dozenten, sollten geschult werden, um einen demokratischen Führungsstil zu erlernen. Dabei fiel Lewin auf, dass die meisten Gruppenleiter – auch in den USA – eine autokratische Haltung mitbrachten, obwohl sie damit selbst offenbar nicht sehr glücklich waren:

> Sie brachten mehrheitlich zum Ausdruck, dass sie an der Arbeit keine Freude hatten, sich unsicher fühlten, kein Vertrauen zur Camp-Verwaltung hatten; sie gaben offen zu, niemanden zu kennen, dem diese Art von Tätigkeit Freude machte. *(Bavelas & Lewin 1942/1985: 58)*

Das „*Schulungsprogramm*" zielte nicht nur darauf, neue *Leitungstechniken* zu erwerben. Mindestens ebenso wichtig war es, die *Grundeinstellung* der Gruppenleiter zu verändern:

> Keiner dieser Ansatzpunkte wäre für sich allein ausreichend gewesen. *(ebd.: 60)*

Im Anschluss fiel auf, wie sehr sich die Arbeitsmoral der Leitungs-
kräfte geändert hatte:

> Gruppenleiter, die man nie lächeln sah, wurden nach der ersten Schulungs-
> woche ‚locker'. Nach 3 Wochen hatte sich die ‚Plackerei' in eine anspruchs-
> volle, sinnerfüllte Tätigkeit verwandelt, deren Wert für die Kinder und für
> die Gesellschaft im allgemeinen deutlich erlebt wurde. *(ebd.: 59f)*

Dieser *„Klimawandel"* wirkte sich auch auf das Verhalten der Kinder
aus. Was vorher oberflächliche Freizeitbeschäftigung war, erhielt
einen neuen Wert und

> konnte nun von den Kindern selbst in eine lustbetonte Beschäftigung mit
> wertvollen, sozial orientierten Langzeitprojekten umgewandelt werden. Das
> Spektrum der Gruppenaktivitäten und die Effizienz der Selbstverwaltung der
> Gruppen übertrafen bei weitem das frühere Niveau. *(ebd.: 60)*

Nach dem demokratischen Schulungsprogramm waren die Gruppenleiter wie verwandelt. Was hatte diesen Erfolg bewirkt? Nach Lewin
waren es 3 Faktoren (ebd.: 61):

1. Die Teilnehmer (wurden) deutlich gelassener und souveräner; sie erkannten
    bald, dass die Gruppendisziplin nicht von ihrer Wachsamkeit abhing.
2. Die Teilnehmer erlebten früh, wie vorteilhaft der Einsatz demokratischer
    Techniken sich auf die Kinder auswirkte.
3. Ihr Vertrauen zu den neuen Methoden wurde dadurch gefestigt, dass sie
    ihren Wert in der Schulungsgruppe an sich selbst erfahren konnten (ebd.:61).

Diese Atmosphäre
ist etwas Unfass-
bares; sie ist eine
Eigenheit der
sozialen Lage im
Ganzen und ließe
sich wissen-
schaftlich messen,
wenn man von
diesem Punkt an sie
heranginge.
(Kurt Lewin 1939)

„Kompliment" (Teil II)

Lewin hat schon damals den hohen Stellenwert *weicher* Faktoren erkannt. Diese sind in ihrer Wirkung nicht zu unterschätzen, denn sie haben „harte" Konsequenzen:

> Das soziale Klima, in dem ein Kind lebt, ist für das Kind ebenso wichtig wie die Luft, die es atmet. Die Gruppe, zu der ein Kind gehört, ist der Boden, auf dem es steht. *(Lewin 1939/1953: 51)*

Diese empirisch gewonnenen Erkenntnisse waren nicht nur für den didaktischen, sondern auch für den gesellschaftlichen Kontext relevant. Für das damals von Rassenunruhen erschütterte Amerika ebenso wie für das von Kriegen betroffene Europa. Aufgrund seiner biographischen Erlebnisse befasste sich Lewin auch mit der Frage, wie das moralisch erschütterte Deutschland wieder demokratisiert werden könnte.

So entstand 1947 eine Bewegung im amerikanischen Bethel (Maine), die Kurt Lewin maßgeblich mit begründete. Ziel war eine „Umerziehung" *(„re-education")*, um den demokratischen Geist zu stärken:

> Dieses Laboratorium war dazu bestimmt, neue Methoden zur edukativen Umformung menschlichen Verhaltens und sozialer Beziehungen zu erproben. *(Bradford et al. 1972: 13)*

Der naturwissenschaftliche Begriff „Laboratorium" wurde bewusst gewählt:

> Die wichtigste der dabei angewandten edukativen Methoden besteht darin, dass den Teilnehmern geholfen wird, ihr eigenes Verhalten und ihre Beziehungen in einer eigens dafür gestalteten Umgebung zu diagnostizieren und damit zu experimentieren. *(ebd.)*

Es ging um T-Gruppen (T-Training), Sensitivity-Training, Human-Relation-Laboratories und BST-Gruppen (Basic Skill Training). Diese experimentierten mit neuen Verhaltensformen, Übungen und Spielregeln. Auch neue Formen der Gruppenleitung wurden erprobt:

> Das neue Prinzip der Gruppendynamik ging über den freiheitlich demokratischen Führungsstil hinaus. Führung wurde nicht mehr als die Funktion eines Leiters oder Vorsitzenden angesehen, sondern als eine Funktion der Gruppe selbst, d. h. aller Gruppenmitglieder. *(Brocher 1967: 29)*

Zentrale Methoden waren Reflexion, Selbsterfahrung und Feedback. Soziale Übungen sollten einen erfahrungsbasierten Lern- und Reflexionsprozess in Gang setzen, um *„strukturierte Erfahrungen"* und *„instrumentiertes Lernen"* zu ermöglichen.

Die Erfahrung einer Diktatur führte dazu, dass das Thema Gruppendynamik besonders in Deutschland auf fruchtbaren Boden fiel:

> Die Entstehung und Entwicklung des Begriffs Gruppendynamik, der von Kurt Lewin eingeführt wurde, ist kein Zufall. Der eine Grund sind die überraschenden und zunächst unverständlichen politischen Ereignisse in Europa in den 1930er-Jahren, insbesondere die faschistische Massenbewegung in Deutschland. *(Brocher 1985: 2)*

So war es deutschsprachigen Emigranten aus Europa zu verdanken, dass die Gruppendynamik über die USA nach Europa zurückkam:

> Die historische Besonderheit ihres Entstehens ist auch darauf zurückzuführen, dass es sich hierbei um einen Re-Import aus den USA handelt, wo die Gruppendynamik maßgeblich von zwei Emigranten aus Deutschland bzw. Österreich entwickelt wurde, Kurt Lewin und Jacob K. Moreno. Beide nehmen einen starken Einfluss auf die amerikanische Sozialpsychologie und wirken über diesen Umweg auf die Bundesrepublik zurück. *(Antons 2001: 18)*

Kurt Lewin konnte diesen Erfolg nicht mehr erleben. Er starb unerwartet 1947, im Alter von nur 56 Jahren. Dennoch hat er sein Fachgebiet maßgeblich beeinflusst:

> Mit lebensnahen Untersuchungen der von ihm entwickelten Feldtheorie und Begriffen wie *psychische Sättigung, Anspruchsniveau, Aufforderungscharakter, Gruppendynamik* usw. hat Lewin die Psychologie entscheidend geprägt. *(Lück, in: Dorsch 2013: 964)*

Das soziale Klima, in dem ein Kind lebt, ist für das Kind ebenso wichtig wie die Luft, die es atmet.
(Kurt Lewin 1939)

„Brückenbau" (Teil II)

In den 1960er-Jahren kam die Bewegung der Gruppendynamik in Deutschland an. Der „über den Atlantik fliegende Ball" wurde vom Mediziner und Psychoanalytiker *Tobias Brocher* aufgefangen: 1963 leitete er das erste gruppendynamische Seminar in Oberbayern. Zielgruppe waren vor allem Lehrer:

> Das Schliersee-Seminar stellte den Versuch dar, den autokratischen Erziehungsstil von Lehrern zu beeinflussen und zu prüfen, ob Gruppendynamik für die deutsche Lehrerausbildung und für den Unterricht an deutschen Schulen von Bedeutung sein kann. *(Rechtien 2007: 38f)*

In der Anfangszeit waren auch amerikanische Trainer im Leitungsteam:

> Angesichts des Vorsprungs, den die Entwicklung der Gruppendynamik in den Vereinigten Staaten besaß, ist es nicht verwunderlich, dass die Anfänge der Gruppendynamik in Deutschland stark von amerikanischen Trainern, ihren Konzepten und ihren Traditionen bestimmt waren. An nahezu allen Laboratorien der ersten Zeit waren einer oder mehrere von ihnen beteiligt. *(Rechtien 2007: 39)*

Wenige Jahre später wurden gruppendynamische Übungen erstmals in das reformierte Medizinstudium aufgenommen:

> ... als eine Vorbereitung für den Umgang mit Patienten, die gleichzeitig eine Reflexion des Sozialisationsprozesses zum Arzt anstoßen soll. *(Antons et al. 1971: 4)*

An dieser Stelle schließt sich der Kreis: Hier liegen die frühen Wurzeln vieler Teamspiele (Antons 1971 & 1975, Brocher 1967, Pfeiffer & Jones 1974–1979 ...), die heute in neuen Kleidern erscheinen (Birnthaler 2014, Bonkowski 2015, König 2014, Rachow 2012 et al., Wallenwein 2013 ...).

„Kompliment" (Teil II)

Führung wurde nicht mehr als die Funktion eines Leiters oder Vorsitzenden angesehen, sondern als eine Funktion der Gruppe selbst, d. h. aller Gruppenmitglieder. (Tobias Brocher 1967)

4 Spielen: Zwischen Kultur und Biologie

Willkommen in der Welt der Phantasie, der Freiräume, des Spiels! Auch wenn der Schwerpunkt dieses Buches eine Sammlung beliebter und erprobter Teamspiele ist, soll doch auch etwas hinführende „Spiel-Theorie" vermittelt werden.

4.1 Spiel: Was ist das?

Laut Duden meint das Substantiv „*Spiel*" (mittelhochdeutsch ‚spil') ursprünglich „*Tanz, tänzerische Bewegung*" sowie „*Kurzweil, unterhaltende Beschäftigung, fröhliche Übung*". Das Verb *spielen* (mittelhochdeutsch ‚spiln') bedeutet ursprünglich „*sich lebhaft bewegen, tanzen*". *(Duden 2014: 799)*

Ein Fachlexikon definiert „Spiel" als

> zweckfreie, spontane, freiwillige, von innen heraus motivierte, lustbetonte und phantsasiegeleitete Tätigkeit, die nach bestimmten Regeln verläuft. *(Schaub & Zenke 2007: 624)*

Ein anderes Fachlexikon unterscheidet *Spiele des Erwachsenen als*

> Versuche, ohne Risiko die Grenzen der eigenen Möglichkeiten nach bestimmten Mustern zu erproben und eine kultur- und gruppennorm-geprägte Rolle zu spielen. *(Fröhlich 2010: 451)*

Im Englischen werden zwei Begriffe unterschieden: „Play" und „Game". Ein amerikanisches Fachlexikon definiert *Play* so:

> Activities that appear to be freely sought and pursued solely for the sake of individual or group enjoyment. *(APA 2015: 802)*

Danach werden 3 Formen von Spielen unterschieden:

> With *Locomotor* Play, *Object* Play and *Social* Play generally considered to be the three basic forms. *(ebd.)*

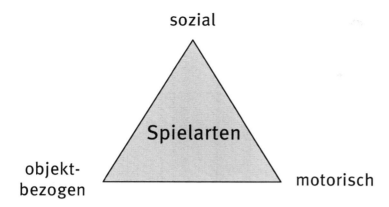

Abb. 4.1: Spielarten: Es werden 3 Basisformen unterschieden. (APA 2015: 802)

Ein englisches Wörterbuch definiert „*Play*" so:

> Exercise or activity engaged in for enjoyment or recreation rather than for a serious or practical purpose; amusement, entertainment, diversion; (in later use esp.) the spontaneous or organized recreational activity. *(OED 2015, II 6a)*

„*Game*" ist eine bestimmte Spielform, das im amerikanischen so definiert wird:

> A social interaction, organized play, or transaction with formal rules. *(APA 2015: 446)*

Ein englisches Wörterbuch definiert „*Game*" so:

> An activity played for entertainment, according to rules, and related uses. [...] The proper method of playing; correct, fair, or reasonable play. *(OED 2015, II. 6a–b)*

Welche Elemente kennzeichnen das Spiel? Der niederländische Kulturhistoriker *Johan Huizinga* (1872–1945) nennt 6 formale Kennzeichen. (s. Abb. 4.2)

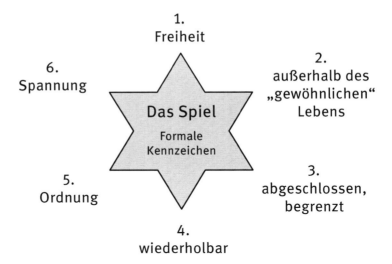

Abb. 4.2: Wie lässt sich der Begriff „Spiel" definieren? 6 formale Kennzeichen, nach Huizinga. (1938/2015: 15f)

Das Spiel fordert unbedingte Ordnung. Die geringste Abweichung von ihr verdirbt das Spiel, nimmt ihm seinen Charakter und macht es wertlos. (Huizinga 1938/2015: 19)

Das Spiel bindet und löst. Es fesselt. Es bannt, das heißt: es bezaubert. (ebd.: 19)

„Der Form nach betrachtet, kann man das Spiel also zusammenfassend eine freie Handlung nennen, die als ‚nicht so gemeint' und außerhalb des gewöhnlichen Lebens stehend empfunden wird und trotzdem den Spieler völlig in Beschlag nehmen kann, an die kein materielles Interesse geknüpft ist und mit der kein Nutzen erworben wird, die sich innerhalb einer eigens bestimmten Zeit und eines eigens bestimmten Raums vollzieht, die nach bestimmten Regeln ordnungsgemäß verläuft und Gemeinschaftsverbände ins Leben ruft, die ihrerseits sich gern mit einem Geheimnis umgeben oder durch Verkleidung als anders von der gewöhnlichen Welt abheben." (ebd.: 22)

„Spiel ist eine freiwillige Handlung oder Beschäftigung, die innerhalb gewisser festgesetzter Grenzen von Zeit und Raum nach freiwillig angenommenen, aber unbedingt bindenden Regeln verrichtet wird, ihr Ziel in sich selber hat und begleitet wird von einem Gefühl der Spannung und Freude und einem Bewusstsein des ‚Andersseins' als das ‚gewöhnliche Leben'." (ebd.: 37)

Der französische Soziologe *Roger Caillois* (1913–1978) definiert Spiel als

eine freie Betätigung, zu der der Spieler nicht gezwungen werden kann, ohne dass das Spiel alsbald seines Charakters der anziehenden und fröhlichen Unterhaltung verlustig ginge. *(Caillois 1965: 16)*

Er betont ebenfalls, dass das Spiel frei ist von Nutzen, Zweck und Zielen:

> ... eine unproduktive Betätigung, die weder Güter noch Reichtum noch sonst ein neues Element schafft. *(ebd.)*

Es ist der Freiraum innerhalb bestimmter Grenzen, der dabei Freude bereitet:

> Das Spiel besteht in der Notwendigkeit, unmittelbar innerhalb der Grenzen und Regeln eine freie Antwort zu finden und zu erfinden. Diese dem Spiel gegebene Möglichkeit, die seinem Handeln zugebilligte Bewegungsfreiheit gehört mit zum Spiel und erklärt zum Teil das Vergnügen, das es erzeugt. *(ebd.: 14)*

Der Franzose nennt ebenfalls 6 formale Eigenschaften, die ein Spiel kennzeichnen (s. Abb. 4.3).

Gleichzeitig unterscheidet er zwischen 2 entgegengesetzten Polen: *paidia* (gr.) einerseits und *ludus* (lat.) andererseits.

„*Paidia*" verkörpert das

> Prinzip des Vergnügens, der freien Improvisation und der unbekümmerten Lebensfreude, wodurch eine gewisse unkontrollierte Phantasie [...] zum Ausdruck kommt.

Diese „*überschäumende Eulenspiegelei*" wird gebändigt durch den Gegenpol „*Ludus*", als

> ständig zunehmende Anstrengungen, Geduld, oder Geschicklichkeit und Erfindungsgabe. *(ebd.: 20)*

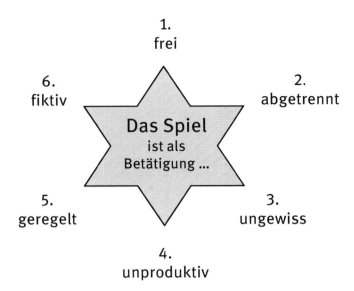

Abb. 4.3: Wie lässt sich der Begriff „Spiel" definieren? 6 formale Kennzeichen, nach Caillois (1958/1965: 16)

Der Begriff *Spiel* durchzieht unsere Alltagssprache – oft mehr, als uns bewusst ist. Zahlreiche Redewendungen „*spielen*" mit diesem Wort: jemand *spielt* etwas herunter, *spielt* sich auf oder hat *verspielt*. Etwas *spielt* sich ab, steht auf dem *Spiel* oder wird aufs *Spiel* gesetzt. Das *Spiel* mit dem Feuer, das *Spiel* zu weit treiben, das *Spiel* ist aus. Weitere Bei-*Spiele* finden sich in Abb. 4.4 und Abb. 4.5.

Das ganze Leben ein Spiel?

die Finger im Spiel haben
gute Mine zum bösen Spiel
machen

etw. ist im Spiel
etw. ins Spiel bringen
etw. aus dem Spiel lassen
etw. steht auf dem Spiel
etw. aufs Spiel setzen

Spielverderber
Spielregeln verletzen
sich an die
Spielregeln halten
Spiel auf Zeit
ein Nachspiel haben

Spielraum haben
eine Anspielung
eine Spielerei
Glück im Spiel

Spiel

sein Spiel treiben
das Spiel zu weit treiben
ein falsches Spiel spielen
ins Spiel kommen

Vorspiel
Nachspiel
Beispiel

mit dem Feuer spielen
ein leichtes Spiel haben
das Spiel verloren geben
das ist kein Kinderspiel
das Spiel ist aus

Abb. 4.4: Redewendungen mit „Spiel".

was hier gespielt wird
mit dem Gedanken spielen
die erste Geige spielen
Den Kaspar spielen

den starken Mann spielen
seine Muskeln spielen lassen
eine Rolle spielen
Schicksal spielen
Theater spielen

spielend leicht
sich abspielen
sich aufspielen
ausgespielt haben
etw. zuspielen
etw. anspielen
spielerisch

verspielt sein
verspielt haben
sich aufspielen
etw. herunterspielen
jdm. übel mitspielen

spielen

verrückt spielen
auf Zeit spielen
die gekränkte Unschuld spielen
sich in den Vordergrund spielen
falsch spielen

Katz und Maus spielen
wie das Leben so spielt
mit dem Leben spielen
jdn. an die Wand spielen
mit offenen/verdeckten
Karten spielen

Abb. 4.5: Redewendungen mit „spielen". Die Sammlung wurde z. T. von Studierenden ergänzt.

4.2 Homo ludens

Erst im Spiel findet der Mensch seine wahre Bestimmung, davon war *Friedrich von Schiller* (1759–1805) überzeugt.

> Aber was heißt denn bloßes Spiel, nachdem wir wissen, dass unter allen Zuständen des Menschen gerade das Spiel und nur das Spiel es ist, was ihn

> vollständig macht und seine doppelte Natur auf einmal entfaltet? *(Schiller 1793/2005, Brief 15: 61)*

Erst im Spiel findet der Mensch zu sich selbst:

> Denn, um es endlich auf einmal herauszusagen, der Mensch spielt nur, wo er in voller Bedeutung des Wortes Mensch ist, und er ist nur da ganz Mensch, wo spielt. *(ebd.: 62f)*

Schon vor über 200 Jahren postuliert der ursprünglich in der Medizin ausgebildete Dichter einen eigenständigen „Spieltrieb". Dieser spannt eine Brücke zwischen dem Reich der Materie und dem Reich des Geistes und baut so ein *„drittes fröhliches Reich"* (ebd.: 120).

Womit und wie soll der Mensch spielen? Ziel einer „Ästhetischen Erziehung" ist es, mit dem Schönen, Wahren und Guten zu spielen:

> Die wirklich vorhandene Schönheit ist des wirklich vorhandenen Spieltriebes werth; aber durch das Ideal der Schönheit, welches die Vernunft aufstellt, ist auch ein Ideal des Spieltriebes aufgegeben, das der Mensch in allen seinen Spielen vor Augen haben soll. *(ebd.: 62)*

Der Mensch ist also aufgerufen, die Spielinhalte sorgsam, bewusst und verantwortungsvoll zu wählen. Was würde Schiller zu den heutigen technischen Spielangeboten und deren Inhalten sagen?

„Homo ludens" – so sieht *Johan Huizinga* (1872–1945) die Natur des Menschen. Für den niederländischen Kulturhistoriker ist der Mensch in erster Linie ein Spielender. Der übliche Name „Homo sapiens" passe weniger gut, weil wir am Ende doch gar nicht so vernünftig sind, wie es der naive Optimismus des 18. Jhd. glaubte. Auch die Bezeichnung „Homo faber" erscheint ihm unzureichend, denn schaffend (faber) sei auch so manches Tier. Huizinga kommt zu dem Schluss, dass alles, was wir tun, letztlich Spiel ist:

> Wenn man den Gehalt unserer Handlungen bis auf den Grund des Erkennbaren prüft, mag wohl der Gedanke aufkommen, alles menschliche Tun sei nur ein Spielen. *(Huizinga 2015: 7)*

Demnach ist Spiel nicht nur ein Epiphänomen der Kultur. Vielmehr ist es Grundlage der Kultur, ja, Spiel erzeugt diese sogar.

> Seit langer Zeit hat sich bei mir die Überzeugung in wachsendem Maße befestigt, dass menschliche Kultur im Spiel – als Spiel – aufkommt und sich entfaltet. [...] Es handelte sich für mich nicht darum, welchen Platz das Spielen mitten unter den übrigen Kulturerscheinungen einnimmt, sondern inwieweit die Kultur selbst Spielcharakter hat. *(ebd.)*

So ist unsere Kultur letztlich Ausdruck eines großen, andauernden Spiels:

> Kultur als Spiel – nicht Kultur aus Spiel. *(ebd.: 56)*

Auf den ersten Blick scheint das Spiel überflüssig. Die Natur ist hier verschwenderisch, sie geizt nicht und berechnet nicht:

> Die Natur, so scheint der logische Verstand zu sagen, hätte doch alle die nützlichen Funktionen [...] ihren Kindern auch in der Form rein mechanischer Übungen und Reaktionen mit auf den Weg geben können. Aber sie gab uns gerade eben das Spiel mit seiner Spannung, seiner Freude, seinem Spaß. Dies letzte Element, der ‚Witz‘ des Spiels, widerstrebt jeder Analyse, jeder logischen Interpretation. *(ebd.: 11)*

Spiel ist un-vernünftig in dem Sinne, dass es über der Vernunft steht. Spiel ist nicht „bloß" unvernünftig, sondern „mehr" als vernünftig:

> Wir spielen und wissen, dass wir spielen, also sind wir mehr als bloß vernünftige Wesen, denn das Spiel ist unvernünftig. *(ebd.: 12)*

Es ist ein Ausdruck des Geistes und verweist auf

> den überlogischen Charakter unserer Situation im Kosmos. *(ebd.)*

Das Spiel ist daher ernst zu nehmen.

> Der Begriff Spiel als solcher ist höherer Ordnung als der des Ernstes. Denn Ernst sucht Spiel auszuschließen, Spiel jedoch kann sehr wohl den Ernst in sich einschließen. *(ebd.: 56)*

Kinder scheinen dies zu ahnen: Sie spielen oft ernst, ja sogar „*in vollkommenem heiligem Ernst*". (ebd.: 27)

Der ernsteste Stoff
muss so behandelt
werden, dass wir
die Fähigkeit
behalten, ihn
unmittelbar mit dem
leichtesten Spiel zu
vertauschen.
(Schiller 1795)

„Stille Post – Tangram" (Teil II)

Mit dem Spiel schafft sich der Mensch – neben der Natur – eine zweite, eigene Welt. Die scheinbare Nutzlosigkeit des Spiels hat daher etwas Erhabenes an sich. Es gehört zu den Dingen, *„wofür es sich zu leben lohnt"* und bewahrt den Menschen vor der Unfreiheit:

> Wenn Menschen aufhören, sich spielerisch und großzügig zu verhalten, dann verlernen sie, souverän zu sein. Ihr ganzes Leben gerät zu einer knechtischen Existenz. *(Pfaller 2011: 224)*

Wie vielen Menschen bleiben keine Spielräume mehr zum Spielen vergönnt, weil ihr gesamtes Leben damit beschäftigt ist, die Lebensgrundlagen zu sichern?

Spiel ist kein Privileg der Kinder. *„Wir alle spielen Theater"*, so formuliert es überspitzt *Erving Goffman* (1922–1982). Der amerikanische Professor für Soziologie und Anthropologie vergleicht unseren Alltag mit der Theaterbühne: Jeder übernimmt bestimmte Rollen, inszeniert Szenen und sucht sich Zuschauer. Auf diese Weise entstehen soziale Beziehungen:

> Wenn ein Einzelner oder ein Darsteller bei verschiedenen Gelegenheiten die gleiche Rolle vor dem gleichen Publikum spielt, entsteht mit großer Wahrscheinlichkeit eine Sozialbeziehung. *(Goffman 1959/2014: 18)*

Ist ein „Darsteller" von seinem eigenen Spiel ganz gefangen genommen, ist er wahrscheinlich davon überzeugt, dass die gespielte Realität „wirklich" ist. Gleiches gilt für sein Publikum:

> Teilt sein Publikum diesen Glauben an sein Spiel – und das scheint der Normalfall zu sein –, so wird wenigstens für den Augenblick nur noch der Soziologe oder der sozial Desillusionierte irgendwelche Zweifel an der „Realität" des Dargestellten hegen. *(ebd.: 19)*

Ein überzeugter Darsteller zieht die Zuschauer in seinen Bann. Gleichzeitig sorgt das faszinierte Publikum dafür, dass der Darsteller seine Rolle weiterspielt. So entsteht zwischen beiden Seiten eine Wechselwirkung. Die Grenze zwischen Bühne und Wirklichkeit verschwimmt; unsere soziale Wirklichkeit *ist* demnach eine Bühne.

Nach diesem soziologischen Modell besteht unser Dasein aus „*Darstellungen*" (*performance*), in denen wir uns selbst inszenieren. Soziale Einrichtungen bestehen demnach aus „*Ensembles*" von Darstellern, die zusammenarbeiten und zusammenhalten. Um Störungen der *Aufführung* zu vermeiden, werden Mitglieder der Ensembles genau ausgesucht: *loyal, diszipliniert und sorgfältig* sollen sie sein. Auch die Zuschauer sollen sich *taktvoll* verhalten, um das Spiel nicht zu gefährden.

> Diese Grundzüge und Elemente bestimmen also das Modell, von dem ich behaupte, es sei charakteristisch für einen Großteil sozialer Interaktion, wie sie unter natürlichen Bedingungen in der […] Gesellschaft stattfindet. *(ebd.: 218)*

Sind wir also ständig und überall am Spielen? Diese Frage würde *Eric Berne* (1910–1970) bejahen. *Spiele der Erwachsenen* nennt der amerikanische Psychiater und Psychoanalytiker unsere Interaktionen. Erwachsene spielen sie auf der ganzen Welt und in allen Lebensbereichen, um soziale Beziehungen zu pflegen:

> Das Familienleben und das Eheleben können ebenso wie das Leben im Rahmen verschiedener sozialer Organisationen Jahr für Jahr auf verschiedenen Variationen des gleichen ‚Spiels' beruhen. *(Berne 1964/2014: 23)*

Diese menschlichen Spiele breiten sich unmerklich und allmählich aus. Ja, sie dominieren das gesamte Leben:

> Die bedeutsamsten sozialen Verbindungen vollziehen sich in den meisten Fällen in Form von Spielen […] *(ebd.: 26)*

Der Prozess beginnt schleichend und unermerklich. Anlass ist die menschliche Begegnung, Stoff für eine „Episode" in diesem Drama:

> Lernen die Leute einander besser kennen, dann schleicht sich mehr und mehr eine *individuelle Programmierung* ein, und in der Folge kommt es allmählich zu verschiedenen ‚Episoden'. [...] Derartige Episodenfolgen, die [...] mehr auf individueller als auf sozialer Programmierung basieren, kann man als ‚Spiele' (games) bezeichnen. *(ebd.: 22f)*

Dabei scheint es nur so, als seien die Interaktionen zufällig und spontan. In Wirklichkeit gehorchen sie bestimmten Mustern und Strukturen.

> Das grundlegende Merkmal des menschlichen ‚Spielens' ist nicht die Tatsache, dass die Emotionen nur Scheincharakter haben, sondern dass sie bestimmten Regeln unterworfen sind. *(ebd.: 23)*

Dabei läuft alles „nach Plan", solange sich jeder an die Spielregeln hält. Regelverletzungen werden hingegen streng geahndet:

> Diese Richtlinien sind äußerlich nicht erkennbar, solange sich die freundschaftlichen bzw. feindschaftlichen Beziehungen streng im Rahmen der gültigen Regeln abspielen, sie werden jedoch dann offenbar, wenn jemand diese Regeln missachtet; es erhebt sich sofort symbolisch oder wörtlich der Ruf „Foul"! *(ebd.: 22)*

Warum gibt es diese Spiele? Für den Mediziner *Eric Berne* sind es Ersatzformen: Sie versuchen, den Hunger nach sensorischen Reizen, emotionaler Anerkennung und zeitlicher Strukturierung zu stillen. Die entsprechenden Rituale erzeugen scheinbare *Streicheleinheiten* (ebd.: 51). Diese dienen letztlich dem Zeitvertreib, um die unstrukturierte Zeit, also die Langeweile zu vertreiben. Berne ist sich bewusst, dass er damit ein recht düsteres Bild des menschlichen Lebens zeichnet:

> In ihm besteht das menschliche Leben hauptsächlich darin, die Zeit bis zum Eintreffen des Todes (bzw. des ‚Weihnachtsmannes') mit irgendetwas auszufüllen, wobei man allenfalls eine sehr geringe Wahlmöglichkeit hat, darüber zu bestimmen, mit was für Transaktionen man die lange Wartezeit überbrücken will. *(ebd.: 297)*

Ähnlich wie in den absurden Theaterstücken *Geschlossene Gesellschaft* (J.-P. Sartre 1947) oder *Warten auf Godot* (S. Beckett 1956) sind diese Spielchen Ausdruck eines blockierten, ungelebten Lebens. Sie werden von verborgenen, unbewussten Motiven gesteuert und machen nicht unbedingt „Vergnügen" oder „Freude".

Die Grundeinheit aller sozialen Verbindungen bezeichnet Berne eine „Transaktion". Ziel der von ihm entwickelten *Transaktions-Analyse* ist es, die Muster der täglichen Transaktionen aufzudecken. Als Psychotherapeut hat Berne zahlreiche solcher Spiele erkannt und analysiert. Er ordnet sie in bestimmte Kategorien, wie Lebensspiele, Ehespiele oder Party-/Gruppenspiele. Das schlimmste aller menschlichen Spiele ist nach Berne der Krieg.

Abb. 4.6: Spiele der Erwachsenen: Einige Beispiele. Viele Namen sind Abkürzungen und setzen sich aus den Anfangsbuchstaben zusammen (Berne 2014)

Wie kann man sich aus diesem künstlichen, unechten Leben befreien? Berne nennt 3 „Notausgänge": *Bewusstheit, Spontaneität und Intimität.*

> Für einige glückliche Menschen gibt es nämlich etwas, das sich über alle systematische Verhaltensarten erhebt, und das ist die Bewusstheit; etwas, das mehr bedeutet als die Programmierung der Vergangenheit, und das ist die Spontaneität, und etwas, das lohnender ist als alle Spiele, und das ist das Intimerlebnis. *(ebd.: 297)*

Das eigentliche Leben beginnt demnach erst jenseits der Bühne, mit ihren Dramen und Rollen: Wenn man seine Autonomie errungen hat, bewusst und spontan im „Jetzt" lebt und die Zeit durch sinnvolle Tätigkeit strukturiert.

Und was kommt dann? So könnte man fragen. Hört das Spiel dann wirklich auf?

Was all diese Modelle gemeinsam zeigen: Die klare Trennung in *Spiel* und *Wirklichkeit* ist eine Illusion. Spiele sind Wirklichkeit, und Wirklichkeit besteht aus Spielen. Spiel und Ernst sind keine einfachen Gegensätze. Vielleicht kann nur wer ernst ist, auch wirklich spielen?

„A gentleman and a player", so lautet ein Kompliment der Engländer an einen sympathischen Mitbürger, der das Leben nicht allzu ernst nimmt. Der so genannte „Ernst des Lebens": Vielleicht auch ein Spiel?

Das Spiel bindet und löst. Es fesselt. Es bannt, das heißt: es bezaubert. (Huizinga 2015)

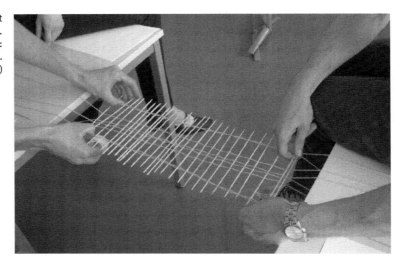

„Brückenbau" (Teil II)

4.3 Spiel: Ein universales Prinzip?

4.3.1 Naturwissenschaftliche Ebene

Nicht nur der Mensch spielt, auch Tiere spielen. Ob auch Pflanzen spielen? In gewissen Sinne ja, so würde *Friedrich von Schiller* sagen. Auch die Natur spielt, nämlich mit dem Überfluss.

> Selbst in der unbeseelten Natur zeigt sich ein solcher Luxus der Kräfte und eine Laxität der Bestimmung, die man in jenem materiellen Sinn gar wohl Spiel nennen könnte. *(Schiller 1793, Brief 27: 116)*

Als Beispiel nennt Schiller einen wachsenden Baum:

> Der Baum treibt unzählige Keime, die unentwickelt verderben, und streckt
> weit mehr Wurzeln, Zweige und Blätter nach Nahrung aus, als zur Erhaltung
> seines Individuums und seiner Gattung verwendet werden. Was er von sei-
> ner verschwenderischen Fülle ungebraucht und ungenossen dem Elemen-
> tarreich zurückgiebt, das darf das Lebendige in fröhlicher Bewegung ver-
> schwelgen. So giebt uns die Natur schon in ihrem materiellen Reich ein
> Vorspiel des Unbegrenzten, und hebt hier schon zum Teil die Fesseln auf,
> deren sie sich im Reich der Form ganz und gar entledigt. *(ebd.)*

Ist Spiel also ein naturwissenschaftliches Prinzip im universalen
Sinn? Was sagen Naturwissenschaftler dazu?

Der französische Biochemiker, Genforscher und Nobelpreisträ-
ger für Medizin, *Jaques Monod* (1910–1976), vergleicht die Evolution
mit einem Spiel. Die Spielregeln heißen *„Zufall und Notwendigkeit".*
Die eine Regel steht für das Neue, die andere für die Stabilität. Das
Wunder ist, dass dabei überhaupt Konstanz entsteht:

> Bedenkt man die Dimensionen dieser gewaltigen Lotterie und die Schnellig-
> keit, mit der die Natur darin spielt, dann ist das schwer Erklärbare, wenn
> nicht beinahe Paradoxe nicht mehr die Evolution, sondern im Gegenteil die
> Beständigkeit der ‚Formen' in der belebten Natur. *(Monod 1996: 112)*

So sieht es auch *Manfred Eigen* (geb. 1927). Der deutsche Nobelpreis-
träger für Chemie erkennt in allen natürlichen Phänomenen ein
Spiel. Seit Beginn der Welt ist es am Werk:

> Die Geschichte unseres Spiels reicht bis an den Anfang der Zeiten zurück. Es
> war die Energie des Urknalls, die alles in Bewegung setzte, die die Materie
> durcheinander wirbelte, um sie nie wieder zur Ruhe kommen zu lassen.
> *(Eigen & Winkler 215: 18)*

Dieses kosmische Spiel besteht nach Eigen aus zwei Elementen:
Zufall und Regel. Beide bedingen sich gegenseitig und halten sich in
Schach:

> Ordnende Kräfte suchten das Auseinanderstrebende einzufangen, den Zufall
> zu zähmen. Doch was sie schufen, ist nicht die starre Ordnung des Kristalls.
> Es ist die Ordnung des Lebendigen. Der Zufall ist von Anbeginn unabdingba-
> rer Widerpart der regelnden Kräfte. *(ebd.)*

Es sind demnach Naturgesetze, die den Zufall steuern. Gleichzeitig
bringt der Zufall Bewegung, und damit das Lebendige „ins Spiel".
Dieses Tandem durchzieht alle Ebenen des Lebens:

> Zufall und Regel sind die Elemente des Spiels. Einst von Elementarteilchen, Atomen und Molekülen begonnen, wird es nun von unseren Gehirnzellen fortgeführt. Es ist nicht der Mensch, der das Spiel erfand. *(ebd.)*

Für den Chemiker ist Spiel ein universales Prinzip, das bis in die soziale Ebene hineinreicht:

> Das Spiel ist ein Naturphänomen, das von Anbeginn den Lauf der Welt gelenkt hat: die Gestaltung der Materie, ihre Organisation zu lebenden Strukturen wie auch das soziale Verhalten der Menschen. *(ebd.: 17)*

Der Mensch ist Teil dieses großen, universalen Spiels. Dabei ist er nicht nur Spielball, wenn er sich seiner Verantwortung bewusst ist:

> Der Mensch ist weder ein Irrtum der Natur, noch sorgt diese automatisch und selbstverständlich für seine Erhaltung. Der Mensch ist Teilnehmer an einem großen Spiel, dessen Ausgang für ihn offen ist. Er muss seine Fähigkeiten voll entfalten, um sich als Spieler zu behaupten und nicht Spielball des Zufalls zu werden. *(ebd.: 14)*

Der deutsche Chemiker und frühere Direktor des MPI für Experimentelle Medizin, *Friedrich Cramer* (1923–2003), bezieht sich auf *Heraklit*, wenn er das Phänomen *Zeit* mit einem spielenden Kind vergleicht:

> Die Zeit ist ein Kind beim Brettspiel. Ein Brettspiel hat eine bestimmte äußere Form und genau festgelegte Spielregeln. Das Spielbrett und die dazugehörigen Regeln bilden die Struktur des Spieles. *(Cramer 1998: 31)*

Dabei bringt der Zufall den Moment der Überraschung, die auch etwas Freudvolles hat:

> Jedes Spiel hat, trotz der strengen Regeln, ein lustiges Zufallselement, und gerade das bringt eine Art kindlicher Freude. […] Genauso verhält es sich mit der Zeit. Sie läuft durch chaotische Zonen, durch Verzweigungspunkte, die dem Würfeln entspricht, und dabei entsteht Neues, eine neue Spielkonfiguration, die kreative Freude bringt. *(ebd.: 32)*

Zufall und Regel
sind die Elemente
des Spiels.
(Eigen & Winkler
2015)

„Schwebeball" (Teil II)

Evolution im Spiel

Ähnlich sieht es *Konrad Lorenz* (1903–1989). Der Mediziner und Verhaltensbiologe hat die evolutionäre Dimension im Blick. Die treibende Kraft ist das Spiel,

> in dem nichts festliegt außer den Spielregeln, (es) hat auf der Ebene molekularer Vorgänge zur Entstehung des Lebens geführt, es hat die Evolution verursacht und das Werden höherer Lebewesen aus niedrigeren vorangetrieben. *(Lorenz 1995/1978: 264)*

Das Prinzip Spiel ist demnach auf sämtlichen Ebenen des Lebens wirksam:

> Wahrscheinlich ist dieses freie Spiel die Voraussetzung für alles im wahren Sinne schöpferische Geschehen, in der menschlichen Kultur nicht anders als überall sonst. *(ebd.)*

Evolution und Spiel hängen eng miteinander zusammen. Im Spiel können neue Strategien und Verhaltensweisen erprobt werden, die kreativ sind und evolutionäre Anpassungsprozesse ermöglichen. Mehr noch: Forscher gehen davon aus, dass Spiel rückwirkend wiederum evolutionäre Prozesse beeinflusst und somit die Evolution mitgestaltet.

> [...] in play new strategies and behaviors can be developed with minimal costs and these strategies, in turn, can influence evolutionary processes. *(Pellegrini et al. 2007: 261)*

Dabei ist es der kreative Teil des Spiels, der die Evolution antreiben kann:

> In particular, those aspects of play that are creative or break out of local optima are espcecially promising candidates for driving evolution. *(Bateson, in: Pellegrini 2005: 22)*

Ein wichtiges Merkmal der Evolution ist das Spannungsverhältnis zwischen Regeln einerseits und Offenheit andererseits. Dieses Merkmal ist vergleichbar mit einem Schachspiel. Trotz der Regeln ist der Freiheitsgrad der Spieler enorm:

> The range of possible games is enormous. The rules may be simple, but the outcomes can be extremely complex. *(ebd.: 23)*

Diese Balance zwischen Regel einserseits und und Freiraum andererseits erzeugt eine „*Kreative Ordnung*", die Spielräume offen lässt (Brunner 2013b: 27f, s. Abb. 4.7).

Abb. 4.7: Beispiele für *Kreative Ordnung*: Das Schachspiel und eine Bachfuge. Die Regeln lassen viele Spielräume offen. (aus: Brunner 2013b: 28)

4.3.2 Spirituelle Ebene

Gehen wir noch einen Schritt weiter: Hat Spielen auch eine geistige, eine spirituelle Dimension?

Hermann Hesse (1877–1962) hat dieser Frage ein ganzes Werk gewidmet. Das 1943 erschienene *Glasperlenspiel* verkörpert das vollkommene Spiel. Im Gegensatz zu *„der Sünde der Spielerei und des Feuilletons"* ist es reich an geistiger Substanz:

> Die Technik und Übung der Kontemplation brachten alle Mitglieder des Ordens und der Spielbünde aus den Eliteschulen mit, wo der Kunst des Kontemplierens und Meditierens die größte Sorgfalt gewidmet wurde. Dadurch wurden die Hieroglyphen des Spiels davor bewahrt, zu bloßen Buchstaben zu entarten. [...]. Aber erst jetzt begann langsam das Spiel sich um eine neue Funktion zu bereichern, indem es zur öffentlichen Feier wurde. *(Hesse 1943/2005: 37)*

Dabei hatte diese Schulung des Denkens auch einen praktischen Nebeneffekt:

> Wenn das Denken nicht rein und wach und die Verehrung des Geistes nicht mehr gültig ist, dann gehen auch bald die Schiffe und die Automobile nicht mehr richtig, dann wackelt für den Rechenschieber des Ingenieurs wie für die Mathematik der Bank und Börse alle Gültigkeit und Autorität, dann kommt das Chaos. *(ebd.: 34)*

Dieses feierliche Spiel schien die Spieler vollkommen in den Bann zu ziehen, denn sie fühlten sich dabei *„realisiert"*, wie zum Leben erwacht.

> ‚Realisieren' war ein beliebter Ausdruck bei den Spielern, und als Weg vom Werden zum Sein, vom Möglichen zum Wirklichen empfanden sie ihr Tun. *(ebd.: 39)*

Diese Erfahrung empfanden sie als etwas Heiliges, Göttliches:

> Es ist kaum übertrieben, wenn wir zu sagen wagen: für den engen Kreis der echten Glasperlenspieler war das Spiel nahezu gleichbedeutend mit Gottesdienst, während es sich jeder eigenen Theologie enthielt. *(ebd.: 40)*

Bereits *Platon* (428–348 v. Chr.) ging von einem göttlichen Spiel aus, an dem der Mensch mitspielen darf:

> Von Natur aus ist Gott allen glückseligen Ernstes würdig; der Mensch dagegen ist [...] als eine Art Spielzeug Gottes verfertigt worden, und dies ist wirklich das Beste an ihm geworden. Dieser Rolle müssen sich daher jeder Mann

und jede Frau fügen und möglichst schöne Spiele spielen und so ihr Leben zubringen, indem sie hierüber gerade umgekehrt denken, als dies heute üblich ist. *(Platon: Nomoi 803c)*

„Möglichst schöne Spiele spielen": Für Platon eine geradezu moralische Aufgabe des Menschen. Spiel ist – ebenso wie Erziehung – eine ernste Angelegenheit, ja sogar *„die ernsteste Sache"*. Ihr größter Feind ist das Kriegswesen:

Doch im Krieg ist noch nie ein Spiel oder auch eine Erziehung entstanden, die der Rede wert wäre; noch wird sie jetzt oder künftig entstehen. *(ebd.: 803d)*

Daher sind Spiele auf Friedenszeiten angewiesen.

Also muss jeder das Leben im Frieden möglichst lange und gut zubringen. Welches ist nun die richtige Art und Weise? Mit bestimmten Spielen muss man sein Leben zubringen, indem man opfert, singt und tanzt, so dass man fähig ist, einerseits sich die Götter gnädig zu stimmen, andererseits die Feinde abzuwehren und im Kampf zu besiegen. *(ebd.: 803e)*

Unter dem griechischen Götterhimmel kommt dem armseligen Menschengeschlecht allerdings größtenteils die Rolle der *„Marionetten"* zu. Die griechischen Zöglinge sollen sich daher von der Götterwelt eingeben lassen,

welchen Gottheiten und wann sie einer jeden jeweils ihr Spiel darzubringen und sie sich gnädig zu stimmen haben, um ein ihrer Natur gemäßes Leben zu führen, da sie ja größtenteils Marionetten sind und an der Wahrheit nur geringen Anteil haben. *(ebd.: 804b)*

Auch im indischen Hinduismus geht man davon aus, dass die Schöpfung im Spiel entstanden ist und laufend neu entsteht. Zentraler Begriff hierfür ist Lila.

Lila ist ein spätes, jedenfalls nachvedisches Sanskritwort, das meist wiedergegeben wird mit Spiel, Scherz, Vergnügen [...], auch im Sinne einer ‚ohne alle Anstrengung von der Hand gehende Handlung'. *(Bäumer 1969: 4)*

Ein wesentliches Kennzeichen des Spiels ist die Zweckfreiheit. Dies gilt auch für das göttliche Spiel mit der Welt:

Lila, Spiel, geschieht aus einem spontanen inneren Antrieb der Freude, des Überflusses an Energie und Kraft [...], es ist das Hervorquellen einer inneren Harmonie. *(ebd.: 70)*

Was bedeutet dies für die Kreatur? Die Geschöpfe haben eine klare, einfache Aufgabe:

> ... in dem Spiel des Herrn ‚mitzuspielen', in es einzustimmen [...] und so die Rückkehr alles Geschaffenen in brahman mitzubewirken. *(ebd.: 75)*

Beim Spiel kann man einen Menschen in einer Stunde besser kennen lernen als im Gespräch in einem Jahr. (Platon)

„Brückenbau" (Teil II)

Auch im jüdisch-christlichen Kontext wird auf die Bedeutung des Spiels verwiesen. Nach dem Alten Testament hat die *Ewige Weisheit* den Schöpfer begleitet, indem sie ihm beratend und spielend zur Seite stand:

> Als er befestigte die Wolken oben, als er erstarken ließ die Quellen aus der Tiefe, als er dem Meer seine Grenzen setzte, die Wasser sein Gebot nicht überschritten, als er der Erde Fundamente legte, da stand ich als Beraterin an seiner Seite. Und ich war seine Wonne Tag für Tag, indem ich vor ihm spielte allezeit; ich spielte auf dem Umkreis seiner Erde, und meine Wonne sind die Menschenkinder. *(Sprüche 8, 28–31)*

Kinder, naturgemäß spielende Wesen, haben im Neuen Testament einen hohen Stellenwert. Als die Jünger fragen, wer wohl der Größte im Himmelreich sei, ruft Jesus ein Kind herbei und stellt es in die Mitte:

> Wenn Ihr nicht umkehrt und nicht werdet wie die Kinder, werdet ihr nicht in das Himmelreich eingehen. Wer sich also klein macht wie dieses Kind, der ist der Größte im Himmelreich. *(Mat 18, 1–4)*

An anderer Stelle vergleicht Jesus die Pharisäer und Gesetzeslehrer – die den Ratschluss Gottes verachten und sich nicht taufen lassen – mit Leuten, die musizierende Kinder ignorieren:

> Sie sind wie Kinder, die auf dem Marktplatz sitzen und einander zurufen: Wir haben für Euch auf der Flöte gespielt, und ihr habt nicht getanzt; wir haben Klagelieder gesungen, und ihr habt nicht geweint. *(Luk 7, 32)*

Es ist also ein spiritueller Auftrag, dem göttlichen Aufruf zum Tanz (und zur Trauer) zu folgen. Die so genannte *„Heiterkeit der Heiligen"* – kommt sie daher, dass sie sich zum göttlichen Tanz auffordern lassen?

Der Jesuit *Hugo Rahner* (1900–1968, Bruder von Karl R.) geht davon aus, dass der Mensch im Spiel seinen göttlichen Ursprung erfährt. In der Leichtigkeit des Spiels kann er die vertikale Dimension erleben und erfahren:

> Denn wenn die höchsterreichbare Form des Menschen in eben jener geistigen Schwebe, in der instinktsicheren Beherrschung des Körpers, in der Eleganz des Wissens und des Könnens besteht, die wir Spiel nennen, dann vollendet sich darin [...] die Teilhabe am Göttlichen, die ahnende Nachvollziehung und die noch erdgebundene Rückgewinnung einer ursprünglichen Einheit mit der Fülle des Einen und Guten. *(Rahner 1948/2008: 15)*

Der Hochschullehrer und frühere Rektor der Universität Innsbruck geht sogar noch einen Schritt weiter. Nicht nur der Mensch spielt, sondern auch Gott spielt:

> Wenn wir also sagen, der schöpferische Gott ‚spielt', so hüllt sich in dieses Bild die metaphysische Einsicht, dass die Schöpfung der Welt und des Menschen ein zwar göttlich sinnvolles, aber in keiner Weise für Gott notwendiges Tun darstellt. *(ebd.)*

„Sinnvoll, aber nicht notwendig": Nach Rahner ist Gott größer als sein eigenes Werk. Er ist diesem weder unterworfen noch mit ihm identisch, sondern frei.

Der Theologe sieht die Schöpfung demnach als Werk eines Gottes, der spielt: *„Deus ludens".* Gleichzeitig spielt die Schöpfung mit oder vor Gott:

> Sie spielt vor Gott ihr kosmisches Spiel, vom Reigen der Atome und der Sterne bis zum ernstschönen Spiel des Menschengenius und bis zum seligen Tanz, in den die zu Gott heimkehrenden Geister sich einfügen. Der homo ludens kann nur verstanden werden, wenn wir zuerst in aller Ehrfrucht sprechen vom Deus ludens. *(ebd.: 15f)*

Beim Thema Spiel scheinen Naturwissenschaft, Philosophie und Theologie aufeinander zu treffen – oder gar miteinander zu tanzen?

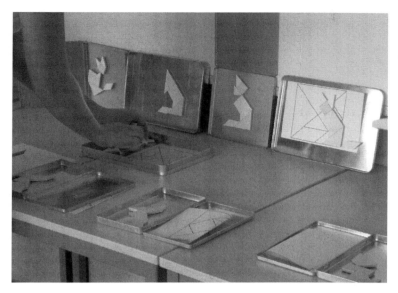

Spielen ist Experimentieren mit dem Zufall. (Novalis, Fragmente)

„Stille Post – Tangram" (Teil II)

4.4 Biologie im Spiel

Die Biologie nimmt unter den Naturwissenschaften einen besonderen Platz ein. Sie hat sich inzwischen zu einer eigenen Wissenschaft entwickelt und wurde – vergleichbar mit der Physik im 20. Jahrhundert – vermutlich zu *der* neuen Leitwissenschaft im 21. Jahrhundert. Evolutions-, Verhaltens- und Neurobiologie gehören zu den dynamischen Wissenschaftszweigen, deren Ergebnisse immer mehr Fachdisziplinen beeinflussen, wie Pädagogik, Psychologie oder Wirtschaft. Die moderne Biologie hat komplexe Systeme im Blick und sich davon verabschiedet, alles in kleinste Einheiten zerlegen zu wollen. Dabei würde nämlich das *Lebendige* zerstört und verloren gehen:

> Bis in die Mitte des 20. Jahrhunderts hinein waren die Physikalisten fest davon überzeugt, dass man ein Phänomen auf seine kleinsten Komponenten zurückführen muss, um es vollständig zu erklären. Das wurde allgemein so interpretiert, dass Erklärungen nur auf der untersten Organisationsstufe möglich seien. Biologen empfanden eine solche Schlussfolgerung als besonders störend, da eine Reduktion auf das unterste Organisationsniveau die

Biologie aus den Augen verliert und sich nur noch mit physikalischen Phänomenen beschäftigt. *(Mayr 2005: 27)*

Damit hat die Biologie einen Paradigmenwechsel vollzogen, der auch die wissenschaftliche Methodik betrifft:

Die Analyse ist und bleibt eine wichtige Methode für das Studium komplexer Systeme. Die Reduktion dagegen beruht auf falschen Annahmen und sollte aus dem Vokabular der Wissenschaft gestrichen werden. *(ebd.)*

Aus evolutionsbiologischer Sicht gehört der Mensch zu den Säugetieren. In den 1990er-Jahren war dies noch eine schockierende Nachricht: Der Mensch unterscheidet sich genetisch kaum vom Schimpansen. Auch im Verhalten wurden verblüffende Ähnlichkeiten beobachtet: Affen zeigen ähnliche Aktionsmuster, sowohl in Richtung Aggression als auch Altruismus.

Die Vergleiche mit Primaten haben deutlich gemacht, dass es völlig gerechtfertigt ist, Menschen mit den gleichen Methoden zu erforschen wie Tiere. Ein Teil der Philosophie des Menschen kann daher in der Biophilosophie aufgehen. *(ebd.: 58)*

So gehört der Freiheit ein Maß zu. Dieses ist ihr Spielraum. Wir sprechen vom Spielraum der Freiheit. (Bally 1966)

„Seilkreis" (Teil II)

4.4.1 Auch Tiere spielen

Es ist daher sinnvoll, auch das Verhalten nicht-menschlicher Säugetiere zu beobachten, um menschliches Verhalten besser zu verstehen. Uns verbinden viele Gemeinsamkeiten. Diese beginnen auf der biologischen Ebene:

> Alle Säugetiere weisen ein sehr ähnliches Muster der Organisation und Entwicklung des Gehirns auf, und die basalen molekularen, zellulären und neuroendokrinen Prozesse, die dem Verhalten zugrunde liegen, sind bei der Maus, dem Schimpansen und dem Menschen nahezu identisch. *(Sachser 2004: 475)*

Verhaltensbiologen (Ethologen) stellen fest, dass alle Säugetiere Eines verbindet:

> In ihrer Kindheit und Jugend sind sie ausgesprochene ‚Neugierwesen', die ohne unmittelbare Notwendigkeit aktiv neue Situationen und Objekte aufsuchen und erkunden. *(Sachser 2004: 476)*

Neugier bedeutet „gierig auf Neues": Alles was neu ist, ist interessant, wird aktiv aufgesucht und erkundet. Diese *Neugierappetenz* scheint ein innerer Drang zu sein, der ohne äußeren Zwang besteht. Einige Tiere sind nicht nur als Jungtiere, sondern lebenslang neugierig, darunter Affen oder Delphine.
Dabei scheint Neugier das Kennzeichen einer höheren Entwicklung zu sein. Es entwickelte sich in der Evolution erst relativ spät

> und tritt in der aufsteigenden Wirbeltierreihe von den Fischen bis hin zu den Säugetieren immer stärker in Erscheinung. *(ebd.)*

Neugier- und Spielverhalten hängen evolutionsbiologisch eng zusammen. Auch das Spielverhalten ist ein Merkmal von hochentwickelten Wirbeltieren. Vermutlich ist das Spiel im Tierreich viel mehr verbreitet als bisher bekannt:

> Play has been described in a wider variety of young animals – most mammals and some bird species, such as parrots and ravens – and is probably much more widespread in other taxonomic groups, such as fish, than is commonly believed. *(Bateson, in: Pellegrini 2005: 14)*

Auch im Tierreich werden soziale Spiele durchgeführt und soziale Rollen eingeübt. Dies ist offenbar keine menschliche Erfindung, sondern Ergebnis einer langen Evolution und setzt eine bestimmte Fähigkeit voraus: Sich in andere hinein zu versetzen.

Diese Fähigkeit wurde inzwischen auch schon bei Hunden und Wölfen beobachtet. So erkennen Hunde offenbar, ob ihr Artgenosse zum Spielen aufgelegt ist oder nicht.

> Ist der mögliche Spielkamerad zugewandt, wählen sie oft die bekannte Spielpose: Brust auf den Boden, Hinterteil in die Höhe. Zeigt sich der Partner dagegen deutlich abgelenkt, greifen spielwillige Hunde zu dringlicheren Maßnahmen und zwicken ihn schon mal auffordernd in die Schulter. *(Harmon 2013: 63, angelehnt an Horowitz 2011)*

Die Aufforderung zum Spielen wurde nicht nur bei Säugetieren, sondern auch bei anderen Tierarten beobachtet. *„Play Signals"* sind häufig am Gesichtsausdruck erkennbar *(„Play Face")*. Auch an stimmlichen Lauten, die an Lachen erinnern:

> The play face, especially common to primates, typifies such a play signal: the relaxed open-mouth display that appears in playing primates, carnivores, and rodents. In chimpanzees, a play face is often accompanied by a vocalization that approximates, but is distinct from, human laughter. *(Lewis, in: Pellegrini 2005: 30)*

Dabei scheinen auch die Tiere einfach Lust und Freude am Spiel zu haben. Und die ist offenbar ansteckend:

> One such play signal is that of laughter. In humans, laughter is often contagious, and occurs frequently in social contexts. This remains true for the great apes, who exhibit play-specific vocalizations that may be akin to what we as humans term 'laughter'. *(ebd.: 31)*

In einem Artikel des *National Geographic* zeigt der amerikanische Psychiater und Spielforscher *Stuart Brown* Schnappschüsse spielender Tiere: Löwen, Elefanten, Kraniche, Zebras, Delphine, Bären oder Affen toben und tollen darin herum, dass es eine Freude ist. Dies geschieht offenbar auch unter Wasser, wie bei Seelöwen. In einer japanischen Schneelandschaft trägt ein junges Äffchen einen großen Schneeball mit sich herum, als wolle es zum Spiel auffordern.

Tiere scheinen auch einen Sinn für „Humor" zu haben:

So hatte ein Eisbär einen alten Autoreifen für sich entdeckt. Auf dem Rücken liegend streckt er ihn mit einer Pfote in die Luft, und legt ihn später um seinen Hals. Als wolle er vor dem Photographen posieren, der sich dabei köstlich amüsierte.

Besonders beeindruckt war Brown von einem ausgehungerten Eisbären in der kanadischen Arktis. Seit Monaten hatte er keine Beute mehr gefangen. Nun näherte er sich einem Schlittenhund, der sich nach einer langen Tagestour ausruhte. Ein Leckerbissen für einen fastenden Bär. Würde er diesen angreifen? Und würde der Hund in Panik ausbrechen? Die Überraschung war groß: Der Hund forderte den weißen Riesen zum Spielen auf:

> He wagged his tail, grinned and actually bowed to the bear, as if in invitation. The bear responded with enthusiastic body language and nonaggressive facial signals. *(Brown 1994: 7)*

Obwohl es sich um natürliche Feinde handelte, konnten beide offenbar die gleiche Sprache sprechen und verstehen:

> These two normally antagonistic species were speaking the same language: 'Let's play'! *(ebd.)*

Statt sich auf ihn zu stürzen, schien der weiße Koloss den kleinen Freund zu umarmen:

> Once the bear completely wrapped himself around the dog like a white cloud. Bear and dog then embraced, as if in sheer abandon. *(ebd.)*

Nach einer Weile legte sich der Eisbär erschöpft auf den Rücken, als wolle er sich eine Auszeit nehmen.

In den nächsten Tagen kam er mehrmals zurück, um seinen neuen Spielkameraden zu besuchen. Eine zufällige Beobachtung in freier Wildbahn, die den Mediziner beeindruckte:

> But why would the bear play rather than attack? This is an open question, and it fascinates me. *(ebd.)*

Womöglich war es das Fasten, das den Stoffwechsel des Bären so sehr heruntergeregelt hatte, dass er keinen Heißhunger empfand. Oder befand er sich gerade in einem Zustand, den die Fastenmedizin als seligmachende „Fasteneuphorie" kennt?

Das Fazit des Psychiaters und des von ihm gegründeten *Nationalen Spielforschungsinstituts*:

> For humans and other animals, play is a universal training course and language of trust. The belief that one is safe with another being or in any situation is formed over time during regular play. Trust is the basis of intimacy, cooperation, creativity, successful work, and more.
> *(http://www.nifplay.org/vision/animals-play/ Stand: 2015/08)*

Hier war in freier kanadischer Wildnis offenbar etwas entstanden, was die Basis jeden Spiels ist, nämliche *Vertrauen*.

Wenn Tiere nicht spielen dürfen

Was passiert, wenn Tiere ohne Spiele aufwachsen? Ein klassisches Experiment von *Harry Harlow* (1905–1981) konnte dies in den 1950er-Jahren zeigen. Der Psychologe und Verhaltensforscher trennte junge Rhesusäffchen von ihrer Mutter und ließ sie isoliert in einem Käfig aufwachsen. Das Ergebnis war tragisch: Die Tiere verhielten sich extrem auffällig und gestört. Sie zogen sich depressiv zurück, verletzten sich selbst und attackierten Artgenossen.

> Animals raised in isolation often display such self-punishing behavior when a human being appears. They defend themselves adequately, however, against other monkeys and are often extremely aggressive. *(Harlow & Harlow 1962: 140)*

Sie waren unfähig, soziale Beziehungen aufzubauen und zu kommunizieren. Ein kleiner Trost: Die Störung war bedingt reversibel. Als diese ausgewachsenen Tiere mit anderen Artgenossen zusammenkommen und in einer naturähnlichen Umgebung leben durften, begann eine Art „Gruppentherapie", oder auch *Spieltherapie*: Noch als erwachsene Tiere begannen sie, sich miteinander vertraut zu machen und zu spielen – als würden sie etwas Elementares nachholen:

> Group Psychotherapy for monkeys raised in isolation in the laboratory was attempted by removing them to the semiwild condition of the zoo after they reached maturity. Here their behavior improved; they began to play together and groom one another. *(ebd.: 146)*

Offenbar war Spielen ein wesentlicher Teil dieses psychosozialen Heilungsprozesses. Und was dies zeigt: Spielen mit Gleichaltrigen fördert die soziale Kompetenz – auch im Tierreich.

Wie wird Spielen verhaltensbiologisch definiert? Die Zoologin *Monika Meyer-Holzapfel* (1907–1995) nennt 9 Kennzeichen (s. Abb. 4.8).

Abb. 4.8: Spiel aus biologischer Sicht: Kennzeichen und Voraussetzungen. (Meyer-Holzapfel 1963: 3ff)

Spielen nimmt bei der Entwicklung aller Säugetierkinder einen hohen Stellenwert ein. Und dies, obwohl es viel Energie kostet und zahlreiche Gefahren mit sich bringt. Die Natur scheint hier in besonderem Maß zu investieren. Welchen biologischen Sinn hat diese Investition? Die verhaltensbiologische Antwort ist klar:

> Das Jungtier bzw. das Kind lernt! Dabei kann es sich um so unterschiedliche Aspekte wie das Einüben der Muskelfunktionen, die Verbesserung der Wahrnehmungsfähigkeiten oder das Erproben sozialer Rollen handeln. *(Sachser 2004: 476)*

Bereits Ende des 19. Jahrhunderts deutet der Schweizer Philosoph *Karl Groos* (1861–1946) das Spiel als eine überlebenswichtige *„Übungsperiode"*, um *„unfertige Anlagen einzuüben"*.

Denn der Mensch (wie auch andere höher entwickelte Tiere) komme auf eine besondere Situation in die Welt: *„In einem Zustand völliger Hilflosigkeit"* und *„als ein unfertiges Wesen"*.

> Die Leistungen des Spiels bestehen demzufolge erstens in einer Ergänzung der unfertigen Anlagen zu einer völligen Gleichwerthigkeit mit fertigen Instinkten und zweitens in einer darüber hinausgehenden Höherentwicklung des Ererbten zu einer Anpassungsfähigkeit und Vielgestaltigkeit, die gerade bei vollkommen vererbten Anlagen unmöglich wäre. *(Groos 1899: 485)*

Ganz ähnlich argumentiert der Mediziner und Zoologe *Konrad Lorenz* (1903–1989). Er betont, dass Neugierwesen phylogenetisch eine

Gemeinsamkeit haben: Sie sind morphologisch gesehen relativ wenig spezialisiert, und damit *„offen"*, *„weltoffen"*. Lorenz nennt sie *Spezialisten auf Nicht-Spezialisiertsein:*

> Solche sind beispielsweise die Ratten unter den Nagetieren, die Raben unter den Singvögeln und schließlich der Mensch unter den Primaten. Es ist kennzeichnend, dass unter den höheren Tieren ausschließlich solche Spezialisten auf Nicht-Spezialisiertsein zu Kosmopoliten werden konnten. *(Lorenz 1997/1973: 190)*

Im Vergleich zu spezialisierten Lebewesen scheint dieser Mangel auf den ersten Blick nachteilig zu sein. Doch dieses Handicap wurde evolutionär in einen Vorteil verwandelt. Dazu bedurfte es einer neuen „Erfindung":

> Das qualitativ Neue liegt darin, dass der *Lernvorgang selbst* und nicht der Vollzug der Endhandlung die Motivation liefert. *(ebd.: 191)*

Dieser Lernvorgang findet im Spielen statt. Im spielerischen Ausprobieren, Testen und Erkunden übt das Lebewesen nicht nur Fertigkeiten und Fähigkeiten, sondern macht sich auch mit einer unbekannten Umgebung vertraut:

> Ein Gegenstand wird durch die Untersuchung ‚intim' gemacht und anschließend ‚ad acta' gelegt, in dem Sinne, dass das Tier im Bedarfsfalle sogleich auf ihn ‚zurückgreifen' kann. *(ebd.: 188)*

Auf diese Weise wird „latentes Wissen" erworben und abgespeichert, das bei Bedarf abgerufen werden kann. Spielerisches Lernen hat daher eine überlebenswichtige Funktion:

> Lebewesen, die imstande sind, die Eigenschaften der verschiedenen Gegenstände ihrer Umwelt zu erlernen, sind begreiflicherweise in besonderem Maße anpassungsfähig. Dadurch, dass sie jeden unbekannten Gegenstand so behandeln, als wäre er biologisch relevant, finden sie tatsächlich alle Gegenstände heraus, die das wirklich sind. *(ebd.: 189f)*

Was ist der biologische Sinn des Spiels? Es erhöhte die Wahrscheinlichkeit zu überleben:

> Explorieren und Spielen sind lebenswichtige Bestandteile des menschlichen Verhaltens. *(Lorenz 1995/1978: 264)*

„Stille Post: Zeichnen" (Teil II)

Auch der Verhaltensbiologe *Bernhard Hassenstein* (geb. 1922) geht davon aus, dass Spielen Teil eines eigenständigen Verhaltenssystems ist, also eine unabhängige Motivationsquelle besitzt:

> Die Aussicht auf möglichen Nutzen oder künftige Anwendbarkeit kann bei Tieren nicht als unmittelbare Verhaltens-Triebfeder wirken [...]. Die Verhaltensweisen zum aktiven Erfahrungsgewinn finden deshalb ihre Anregung nicht in gegenwärtigen physiologischen Mangelzuständen, sondern sie besitzen einen *eigenen Antrieb*; und dieser ist *von sich aus* (spontan) aktiv. Daher liegt die Befriedigung für das Erkunden, Neugierverhalten, Spielen und Nachahmen für das Tier im *Durchführen dieser Verhaltensweise selbst*. *(Hassenstein 2006: 275f)*

Der Nutzen des Spiels ist vor allem zukunftsorientiert, also auf eine unbekannte, offene Zukunft hin ausgerichtet:

> Die Verhaltensweisen des Spielbereichs sind [...] auf *möglichen zukünftigen* Nutzen zugeschnitten; ihr biologischer Wert liegt nicht im jeweiligen Augenblick. Hiernach ist es auch verständlich, warum im Ernstfall alle sonstigen biologischen Triebfedern Vorrang haben [...]. Zukunftsbezogenes Verhalten füllt – in der Regel – sinnvollerweise nur die Pausen zwischen den Handlungen aus, die der aktuellen Lebensbewältigung dienen. *(ebd.: 276)*

Eine *zukunftsoffene* Tätigkeit ist nicht nur Lernen, sondern vor allem auch Experimentieren und Erfinden. Genau dies findet im Spiel statt – auch im Tierreich. Ein beeindruckendes Beispiel haben Verhaltensbiologen in der freien Natur beobachtet. Eine japanische Affenart (Rotgesichtsmakaken) lernte, Kartoffeln zu waschen:

> Eines Tages im Herbst 1953 nahm ein anderthalb Jahre altes Weibchen, genannt ‚Imo‘, eine sandverschmutzte Süßkartoffel (Batate) am Futterplatz auf. Sie tauchte die Kartoffel in Wasser und wischte den Sand mit den Händen ab. Durch diese Tat hat Imo Affenkultur in ihre Gruppe auf Koshima eingeführt. [...] 1957 waren 15 Affen Kartoffelwäscher. [...] Nach zehn Jahren war Kartoffelwaschen Teil der normalen Tischsitten des Trupps, und jede Generation gab es an die nächste weiter. *(Izawa 1997: 293f)*

Auch bei Tieren gibt es demnach Erfindungen, die von Artgenossen beobachtet, nachgeahmt und weitergegeben werden. Bewährt sich eine „Innovation", wird sie Teil der Gruppentradition – also eine Art Kultur.

> Auf der Grundlage von Neugier und Spiel wird Neues in der Regel von den Jungtieren erfunden. Die Weitergabe bekannten Wissens erfolgt dann aber häufig von der älteren Generation an die jüngere, vor allem von den Müttern an ihre Kinder. *(Sachser 2004: 477)*

Das spielende „Experimentierfeld" kann somit einen entscheidenden Beitrag für das Überleben und die Entwicklung der gesamten Gruppe – und damit Spezie – liefern.

Spielen ist also nicht nur, dass einer mit etwas spielt, sondern auch, dass etwas mit dem Spieler spielt.
(Buytendijk 1933)

„Ei(n)fall" (Teil II)

4.4.2 Spiel braucht ein „Entspanntes Feld"

Spiel bewegt sich in einem labilen Gleichgewicht zwischen zwei Polen: Anregung und Stimulierung auf der einen Seite, Sicherheit und Geborgenheit auf der anderen Seite. Diese Balance lässt sich mit drei klassischen Konzepten darstellen:

1. Entspanntes Feld
2. Sicherheitsbasis
3. Flow-Kanal

Das entspannte Feld

Um Spielverhalten biologisch zu deuten, wird gerne von „Feld" gesprochen. Woher stammt dieser Begriff?

Er wurde der Physik entlehnt. Der britische Physiker *James C. Maxwell* (1831–1879) hatte im 19. Jhd. die „elektrischen und magnetischen Felder" entdeckt. Daraus entwickelte sich die physikalische „Feldtheorie" (Skalarfelder, Vektorfelder ...). Diese tief greifende Erkenntnis prägte auch das Denken in anderen Wissenschaftsbereichen. So wurde der Feldbegriff von dem Mediziner *Kurt Lewin* (1890–1947) aufgegriffen und auf das menschliche Verhalten übertragen, z. B. auf die Gruppendynamik (s. Kap. 3.2). Auf diese Weise entstand eine „*Feldtheorie*" im mentalen Sinne (Vektorkräfte, Umfeld). Auch in der Verhaltensbiologie wird das „*Feld*" als Bild gerne benutzt.

Die Zoologin Meyer-Holzapfel beobachtet, wie sehr das Feld das Verhalten der Tiere beeinflusst:

> Mit [...] der Änderung der Feldspannung ergibt sich eine Verhaltensreihe, die vom Ernst bis zum Spiel führt. *(Meyer-Holzapfel, 1963: 31)*

Der Mediziner und Psychotherapeut *Gustav Bally* (1893–1966) überträgt den Feldbegriff erstmals gezielt auf den biologischen Kontext des Spiels:

> Das Feld kann auch eine größere oder geringere Intensität haben, kann eine mehr oder weniger große ‚Spannung' aufweisen. Starker Hunger, nahe Beute, fressende Kumpane intensivieren das Beutefeld; relative Sättigung, Fehlen von Beutemerkmalen lockern die Feldspannung. *(Bally 1966: 20)*

Ist die Aufmerksamkeit auf ein Nahziel, z. B. Beute, fixiert, dominieren die Instinkte; es entsteht eine Art „Tunnelblick". Das Feld spannt sich derart an, dass sich die vorherige Weite zu einer engen

Laufbahn auf das Ziel hin verengt. In einem solch „verarmten" Feld ist kein Spiel möglich, und auch keine Kreativität. Erst ein gelockertes Feld ist „bereichert" und gibt den nötigen „Spielraum":

> So gehört der Freiheit ein Maß zu. Dieses ist ihr Spielraum. Wir sprechen vom Spielraum der Freiheit. *(ebd.: 8)*

So gehört der Freiheit ein Maß zu. Dieses ist ihr Spielraum. Wir sprechen vom Spielraum der Freiheit. (Bally 1966)

„Ein(n)fall" (Teil II)

Ein klassisches Experiment hierzu hat der Naturwissenschaftler und Psychologe *Wolfgang Köhler* (1887–1967) durchgeführt. Er leitete einige Jahre die Anthropoidenstation der *Preußischen Akademie der Wissenschaften*, die auf Teneriffa stationiert war. Dort untersuchte er das Verhalten von Primaten. In einem Experiment wird ein Schimpanse („Sultan") mit einer scheinbar unlösbaren Aufgabe konfrontiert: Früchte liegen vor ihm, jedoch außerhalb seines Käfigs und weit entfernt. Eine frustrierende Situation: Das begehrte Ziel scheint unerreichbar. Zunächst ist das Tier ganz fixiert auf den Leckerbissen und verzweifelt bemüht, ihn zu ergreifen. Nach vielen vergeblichen Versuchen wird das Experiment abgebrochen. Doch nun passiert das Überraschende: In der Pause beginnt der Affe, sich vom Ziel abzuwenden und zu spielen. Erst dann kommt es spontan und zufällig auf die Lösung.

Der Forscher erinnert sich (Köhler 1921: 90–92):

> Geprüft wird Sultan. Ihm stehen als Stäbe zwei hohle, aber feste Schilfrohre zur Verfügung, wie die Tiere sie schon oft zum Heranziehen von Früchten verwendet haben. [...] Jenseits eines Gitters liegt das Ziel so weit entfernt, dass das Tier mit den (etwa gleich langen Rohren) nicht ankommen kann.

Zunächst ist das Tier ganz auf die Beute fixiert. Mit aller Macht versucht es, an das Obst zu kommen, obwohl die beiden Rohre zu kurz sind:

> Trotzdem gibt es sich zunächst große Mühe, mit dem einem oder dem anderen das Ziel zu erreichen, indem es die rechte Schulter weit zwischen den Gitterstäben vordrängt.

Es folgen viele vergebliche Anstrengungen, alle ohne Erfolg. Das Tier hat einen „Tunnelblick" entwickelt und bewegt sich in einem „verengten Feld". Die Forscher geben sogar kleine Tipps, helfen nach, doch vergebens:

> Der Versuch hat über eine Stunde gedauert und wird, als in dieser Form aussichtslos, vorläufig abgebrochen.

Es folgt eine Pause, auch für die Forscher. Es ist der Wärter, der Sultan zufällig beobachtet. Das Tier wendet sich von seinem Ziel ab, beginnt sich zu langweilen und zu spielen:

> Sultan hockt zuerst gleichgültig auf der Kiste [...]; dann erhebt er sich, nimmt die beiden Rohre auf, setzt sich wieder auf die Kiste und spielt mit den Rohren achtlos herum.

In dieser „kritischen Distanz" geschieht das Unerwartete: Innerhalb weniger Minuten kommt das Tier auf die Lösung.

> Dabei kommt es zufällig dazu, dass er vor sich in jeder Hand ein Rohr holt, und zwar so, dass sie in einer Linie liegen; er steckt das dünnere ein wenig in die Öffnung des dickeren, springt auch schon aufs Gitter, dem er bisher halb den Rücken zukehrte, und beginnt eine Banane mit dem Doppelrohr heranzuziehen.

Das Rätsel ist gelöst: Die beiden Rohre passen aufeinander, zusammengesteckt wird ein doppelt so langer Stab daraus! Der Wärter ruft die Forscher herbei, die den Durchbruch mit eigenen Augen sehen:

> Das Verfahren scheint ihm außerordentlich zu gefallen; er macht einen sehr lebhaften Eindruck, zieht alle Früchte nacheinander ans Gitter, ohne sich zum Fressen Zeit zu nehmen.

Das Paradoxe: Erst, als das Ziel aufgeben wird, wird es erreicht. In dieser Absichtslosigkeit liegt das Geheimnis des Spiels und der Kreativität. (s. Abb. 4.9)

Abb. 4.9: Die entscheidende Lösung kam beim Spiel: Der Schimpanse „Sultan" vertreibt sich die Zeit während der Pause. (nach dem Originalphoto von Köhler 1921: Tafel III)

Wie konnte dieser Durchbruch geschehen? In der Pause war die Fixierung auf das Instinktziel, das Futter, reduziert. So konnte sich das Feld lockern und entspannen.

> Aus diesem Versuch wird deutlich: nicht im gespannten, sondern im gelockerten Feld wird das Geheimnis der Stöcke offenbar. *(Bally 1966: 23)*

Voraussetzung dafür ist das Gefühl von Sicherheit und Stabilität:

> Nur wenn Feindesschutz und Nahrungssicherung die Instinkthandlungen ‚entlasten' und damit das Feld lockern, kann die Fülle neuer haptisch-sensorischer Möglichkeiten entstehen, die [...] die ‚Intelligenzentwicklung' begünstigen. *(ebd.: 54)*

Dieser Versuch zeigt: Spiel und Kreativität brauchen eine gewisse Unabhängigkeit, Absichtslosigkeit und Zielfreiheit:

Ziel ist eine ‚gelernte' Handlung im Appetenzbereich, die in einer relativen Unabhängigkeit vom Instinktziel erworben wurde. Diese Unabhängigkeit kommt deutlich darin zum Ausdruck, dass der Schimpanse auf das Fressen der nacheinander herangeangelten Früchte verzichtet, um weiter zu angeln. *(ebd.: 24)*

Was also ist die Voraussetzung für das Spielen? Der österreichische Biologe und Verhaltensforscher *Irenäus Eibl-Eibesfeldt* (geb. 1928) antwortet so:

Eine Voraussetzung für das Spielen ist, dass die dem Ernstverhalten zugrunde liegenden motivierenden Systeme nicht durch starke physiologische Bedürfnisse (Hunger) und/oder äußere Umstände (Angst) aktiviert werden, denn sonst ist es dem Tier oder den Menschen nicht möglich, seine Handlungen von den sie normalerweise aktivierenden Instanzen abzuhängen. Es bedarf dazu eines bereits etwas ‚entspannten Feldes', wie G. Bally (1945) ausführt. *(Eibl-Eibesfeldt 2004: 796)*

Das Beispiel des berühmten Schimpansen zeigt, wie eng Spielen, Forschen und Erfinden zusammen hängen:

Das […] Verhalten des Schimpansen Sultan ist paradigmatisch für alle Forschung. Die neue Erfindung wird im ‚entspannten Felde' des nicht zweckgerichteten und nicht von einer spezifischen Appetenz motivierten Spieles gemacht, erst nachträglich wird ihre Anwendbarkeit auf praktische Belange entdeckt. *(Lorenz 1995/1978: 264)*

Eine „*angewandte Naturwissenschaft*" ist für Lorenz daher ein Widerspruch in sich. Die eigentlichen Entdeckungen und Erfindungen kamen oft zufällig und ohne Absicht. Ein Beispiel ist die Erfindung des Blitzableiters durch Benjamin Franklin:

[…] der bekanntlich bei Gewitterneigung einen Drachen steigen ließ und Funken aus der feucht werdenden Drachenschnur zog. Nichts lag ihm beim Spiel mit dem Drachen ferner als der Schutz von Häusern vor Blitzschlag. *(ebd.)*

Ähnlich ging es W.C. Röntgen, als er 1895 nebenbei und zufällig die X-Strahlen entdeckte.

Wissenschaft kann nur dann wirklich innovativ und kreativ sein, wenn sie zweckfrei und absichtslos spielen darf:

Das von unersättlichem Hunger nach Erkenntnis vorangetriebene Forschen des Menschen ist ein solches schöpferisches Geschehen, und es ist keineswegs verwunderlich, dass es seine volle Leistung nur entfalten kann, wenn es, aller Zwecksetzungen entledigt, zum Spiel wird. *(ebd.)*

Das „entspannte Feld" ist notwendige Voraussetzung nicht nur für Neugier, Spiel und Lernen, sondern auch für Innovationen. Schulen und Hochschulen sollten dafür sorgen, dass möglichst viele „entspannte Felder" zur Verfügung stehen. Der Verhaltensbiologe Sachser wagt in dem Fall eine Prognose:

> Die Zahl der nobelpreisverdächtigen deutschen Forscherinnen und Forscher würde deutlich steigen, wenn bereits von frühester Kindheit an ‚entspannte Experimentierfelder' zur Verfügung ständen. *(Sachser 2004: 483)*

Bestätigen würde dies sicher der britische Naturforscher *Isaac Newton* (1643–1727). Das Universalgenie, bekannt für die Erforschung der Schwerkraft, beschreibt sehr bescheiden, wie spielerisch seine Grundhaltung war:

> Ich weiß nicht, wie ich der Welt erscheine; aber mir selbst komme ich vor wie ein Knabe, der am Meeresufer spielt und sich damit beschäftigt, dass er dann und wann einen glatten Kiesel oder eine schönere Muschel als gewöhnlich findet, während der große Ozean der Wahrheit unerforscht vor mir liegt. *(Newton, in: Brewster 1833: 283)*

I do not know what I appear to the world; but to myself I seem to have been only like a boy playing on the sea-shore, and diverting myself in now and then finding a smoother pebble or a prettier shell than ordinary, whilst the great ocean of truth lay all undiscovered before me. (Newton, in: Brewster 1831: 338)

Abb. 4.10: *Isaac Newton*, englischer Naturforscher und Philosoph (1643–1727). Er gilt als einer der bedeutendsten Wissenschaftler aller Zeiten. (Nach einem Portrait von G. Kneller, London 1702. Abbildung: s. Brunner 2008: 52)

Sicherheitsbasis

Der britische Kinderpsychiater *John Bowlby* (1907–1990) hat die Bedeutung der Sicherheit für eine gesunde Entwicklung erkannt.

Der Pionier der Bindungsforschung konnte zeigen: Es braucht zunächst eine *„Sicherheitsbasis"* (*Secure Base*), damit Spiel- und Neugierverhalten ausgelöst werden kann. Von hier aus pendelt das Lebewesen vor und zurück. (s. Abb. 4.11). Erst wenn es sich sicher und geborgen fühlt, wird es sich die Außenwelt explorieren und spielen. Verhalten spielt sich also zwischen zwei Gegenpolen ab: *Bindung* einerseits, und *Erkundung* andererseits.

> Fühlen wir uns sicher, so gehen wir, von unserer jeweiligen Bindungsfigur wegstrebend, ,auf Entdeckung'; sind wir dagegen besorgt, müde, ängstlich oder krank, so streben wir nach Nähe. *(Bowlby 2014: 99)*

Dieses Muster gilt nicht nur für die Kindheit, sondern bestimmt unser ganzes Leben. Im Gegensatz zur Psychoanalyse wird das Bedürfnis nach Zuwendung und Schutz hier nicht als „infantil" oder „abhängig" abgewertet:

> Vielmehr kennzeichnet die Bindungsfähigkeit (der ,bedürftigen' wie der ,gebenden' Person) psychisch stabile Persönlichkeiten. *(ebd.: 98)*

Der Mediziner geht dabei von einer evolutionsbiologischen Genese aus, die unser Überleben sichert.

> Einer zentralen Annahme der Bindungstheorie zufolge wird das menschliche Bindungsverhalten durch einen im Zentralnervensystem lokalisierbaren Regelkreis gesteuert, vergleichbar der innerhalb bestimmter Normwerte erfolgenden Regulierung physiologischer Kreisläufe, etwa des Blutdrucks oder der Körpertemperatur. *(ebd.: 100)*

Sicherheitsbasis

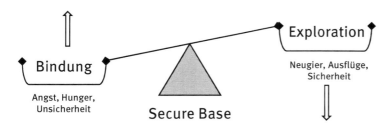

Abb. 4.11: Bindungsverhalten und Explorationsverhalten sind Gegenspieler, die das Gleichgewicht suchen. So sieht es der Kinderpsychiater John Bowlby, Pionier der Bindungsforschung (1907–1990).

Dieses Prinzip ist nicht nur bei Menschen, sondern auch bei Tieren zu beobachten. Der Verhaltensbiologe *Bernhard Hassenstein* beschreibt wenige Tage alte Rhesusäffchen, die bei ihrer Mutter aufwachsen. Während sie sich ängstlich an das mütterliche Fell klammern, beobachten sie gleichzeitig neugierig die Umgebung. Später wagen sie es, den Fellkontakt zu lösen und die Umwelt zu erkunden.

> Aber die Bindung an die Mutter bleibt in dieser Zeit erhalten, denn das Junge kehrt zwischendurch immer wieder zu ihr zurück. *(Hassenstein 2006: 316)*

Ist die Sicherheit bedroht, wird die spielerische Entdeckerfreude jäh unterbrochen:

> Entfernt man in einer nicht bekannten Umgebung die Mutter von dem Jungen, so kommt gar kein Erkundungsverhalten mehr zustande, sondern das Junge bleibt am Ort oder versucht nichts anderes, als die Mutter wiederzufinden. Sie allein gibt ihm die Sicherheit, die für das Erkunden notwendig ist. *(ebd.)*

Wachsen Jungtiere ohne Muttertier auf, kann sich das Erkundungs- und Spielverhalten daher nicht normal entwickeln.

Eine fehlende Sicherheitsbasis hinterlässt auch biologische Spuren im Körper. So reagieren männliche Meerschweinchen in einer fremden Umgebung enorm angespannt, was sich biologisch in einer erhöhten Ausschüttung des Stresshormons Cortisol zeigt. Deutlich beruhigt wird diese Stress-Hormon-Achse erst dann, wenn eine vertraute Bindungsfigur in der Nähe ist (s. Abb. 4.12).

Cortisol: Relative Abweichung vom Durchschnitt

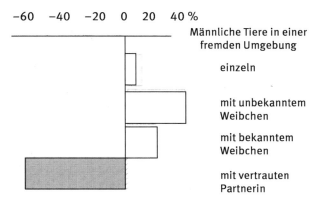

Abb. 4.12: Männliche Meerschweinchen reagieren in einer fremden Umgebung biologisch gestresst. Sie beruhigen sich erst, wenn eine vertraute Bindungsfigur in der Nähe ist. (Sachser 2001: 45; s. a. Spitzer 2008b)

Flow

„Flow" bezeichnet einen nahezu idealen mentalen Zustand, der mit dem Gefühl von Glück und Zeitlosigkeit verbunden ist. Ein wichtiges Kennzeichen: Er ist „*autotelisch*", benötigt also keine äußeren Ziele oder Belohnungen, sondern wird von innen heraus (intrinsisch) motiviert.

> Der Begriff ‚autotelisch' leitet sich von zwei griechischen Worten ab: *autos* bedeutet Selbst, *telos* Ziel. Er bezeichnet eine sich selbst genügende Aktivität, eine, die man ohne Erwartung künftiger Vorteile ausübt, sondern einfach, weil sie an sich lohnend ist. *(Csikszentmihalyi 2013: 97)*

Dieser Zustand verwandelt den Menschen, denn er hebt das Bewusstsein und die Lebensqualität auf eine höhere Ebene:

> Aus Entfremdung wird Engagement, Freude ersetzt Langeweile, Hilflosigkeit verwandelt sich in ein Gefühl von Kontrolle, und die psychische Energie hilft dem Selbst, sich zu stärken, statt sich im Dienst äußerer Ziele zu verlieren. *(ebd.: 99)*

Um diesen Zustand zu erreichen, braucht es ebenfalls ein Gleichgewicht: Das zwischen äußeren Anforderungen einerseits und inneren Fähigkeiten andererseits. Wenn es gelingt, bewegt man sich in einem „*Flow-Kanal*". Dieser bewegt sich aufwärts: (s. Abb. 4.13)

> Diese Dynamik erklärt, warum *flow*-Aktivitäten zu Wachstum und Entdeckungen führen. Man kann die gleiche Sache auf gleicher Ebene nicht lange genießen. Entweder langweilt man sich, oder man wird frustriert, und dann drängt einen der Wunsch, wieder Spaß zu haben, dazu, sich anzustrengen oder neue Möglichkeiten zu finden, seine Fähigkeiten anzuwenden. *(ebd.: 108)*

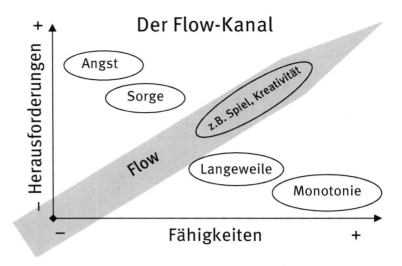

Abb. 4.13: „*Flow*" setzt eine Balance voraus: äußere Anforderungen einerseits und inneres Potential andererseits. Eine solch ideale Situation entsteht häufig beim Spielen. (nach Csikszentmihalyi 2013: 107)

Voraussetzung für Flow-Erfahrungen sind bestimmte Tätigkeiten, die „*Flow-Aktivitäten*". Es klingt überraschend, doch tatsächlich finden diese hauptsächlich während des Arbeitslebens statt. Voraussetzung ist eine selbstbestimmte, sinnvolle Tätigkeit, wie Operieren bei Chirurgen oder Konzertauftritte bei Musikern. Typische Flow-Aktivitäten sind auch Bergsteigen, Tanzen, Segeln oder Schachspielen. Was haben diese Tätigkeiten gemeinsam?

> Sie richten sich nach Regeln, die man lernen muss, sie bieten Ziele, geben Rückmeldung und ermöglichen Kontrolle. Sie erleichtern die Konzentration und Vertiefung, indem sie die Aktivität so unterschiedlich wie möglich von der sogenannten ‚übergeordneten Realität' der Alltagsexistenz gestalten. (*ebd.: 104*)

Diese Erfahrung führt zu höchsten Glücksgefühlen. Wie kommt es dazu?

> Es wird ein Gefühl der Entdeckung geschaffen, ein kreatives Gefühl, das das Individuum in eine andere Realität versetzt. Es treibt die Person zu höherer Leistung an und führt zu einem vorher ungeahnten Zustand des Bewusstseins. Kurz, es verändert das Selbst und macht es komplexer. Dieses Wachstum des Selbst stellt den Schlüssel zu flow-Aktivitäten dar. (*ebd.: 106*)

Es wird ein Gefühl der Entdeckung geschaffen, ein kreatives Gefühl, das das Individuum in eine andere Realität versetzt. (Csikszentmihalyi 2013)

„Kompliment" (Teil II)

4.4.3 Gehirn im Spiel

Die Gehirnforschung bestätigt, was Verhaltensbiologen schon lange beobachtet haben: Spielen und Lernen sind kein Widerspruch. Im Gegenteil:

> Neuere Studien zu spezifischen Effekten des Spielens zeigen zudem, dass das Spielen ganz allgemein den Nährboden für künftiges Lernen bereitet. (*Spitzer 2008b: 460*)

Wie ist das zu verstehen? Neurowissenschaftler können es nachweisen: Spielen hinterlässt positive Spuren im Gehirn.

So verglichen Hirnforscher die Gehirne junger Ratten, die gespielt hatten, mit denen, die nicht gespielt hatten (s. Abb. 4.14). Dazu wurde zunächst ein gehirneigener Wachstumsfaktor gemessen (*BDNF*, brain derived neurotrophic factor), genauer dessen genetische Aktivierung (über die m-RNA). Dann wurden die 32-Tage alten Nager in zwei Gruppen geteilt: Die *Spielgruppe* durfte 30 Minuten lang mit anderen Artgenossen „herumtoben" („rough-and-tumble-play"). Die *Kontrollgruppe* blieb gleichzeitig allein, ohne zu spielen. Anschließend wurden die Gehirne der beiden Gruppen untersucht.

Das Ergebnis: Die Spielgruppe zeigte eine deutlich höhere BDNF-Aktivierung als die Kontrollgruppe:

The apparent increase in BDNF mRNA activation in the frontal cortex of playing rats may highlight one mechanism whereby play may facilitate neuronal development. *(Gordon et al. 2003: 19)*

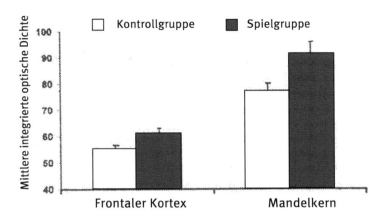

Abb. 4.14: BDNF-Aktivierung in Form der Integrierten Optischen Dichte: Im Vergleich zur Kontrollgruppe zeigt die Spielgruppe signifikant höhere Werte, und dies in zwei Hirnarealen. (Gordon et al. 2003)

Dieser Befund ist für Neurowissenschaftler bedeutsam, denn BDNF spielt eine wichtige Rolle bei neuronalen Wachstumsprozessen: Bei der Bildung und Erhaltung von Nervenzellen, bei der Bildung neuronaler Verbindungen (Synapsen) sowie beim Stoffwechsel von Botenstoffen (Transmitter). Die Autoren sprechen von "socially-induced brain 'fertilization'", denn: Soziales Spiel wirkt wie ein Dünger, der cerebrale Strukturen und Prozesse „aufblühen" lässt. Dies betrifft sowohl die neuronale Entwicklung (Kortex), als auch das emotionale und soziale Lernen (Mandelkern). Ein Effekt, der schon nach kurzer Zeit einsetzt: Die Tiere hatten lediglich 30 Minuten miteinander „herumgetollt".

Dieser Befund wurde in einer ähnlichen Studie bestätigt: Junge Ratten, die in einer anregenden Umgebung aufwuchsen und mit Artgenossen und Gegenständen spielen konnten, wiesen in verschiedenen Hirnregionen deutlich mehr Wachstumsfaktoren auf als Tiere, die isoliert aufgewachsen waren.

[...] and that long-term alterations in the level of external stimuli lead to profound alterations in the production of neurotrophic factors throughout the brain. *(Ickes et al. 2000: 50)*

Spielen ist daher eine biologische Investition in die Zukunft und

somit ein *Erfahrungen erwartender und ermöglichender Prozess*, der Lernen nicht nur direkt bewirkt, sondern für nachfolgendes Lernen gleichsam den neuronalen Boden bereitet. *(Spitzer 2008b: 461)*

Der Mandelkern (Amygdala) spielt eine wichtige Rolle beim emotionalen und sozialen Lernen. Neurowissenschaftliche Studien zeigen, dass dieses Areal Erfahrungen speichert, die soziale Rollen und Hierarchien betreffen:

[...] the corticomedial amygdala is involved because of its mediation in social learning processes. This is constistent with the more general suggestion found in the literature on rats, cats and monkeys, that the amygdala is involved in the evaluation of the present situation in relation to past experience. *(Bolhuis et al. 1984: 579)*

So erinnern sich Ratten normalerweise an Erfahrungen mit Artgenossen, ob sie bei einem Kampf über- oder unterlegen waren:

„Sie ‚wissen‘, mit wem sie ‚Schlitten fahren können‘, und mit wem nicht". *(Spitzer 2008b: 461)*

Ist der Mandelkern intakt, verhalten sich die Tiere sozial adäquat. Werden sie beispielsweise mit einem dominanten, aggressiven Gegner konfrontiert, reagieren sie entsprechend vorsichtig oder alarmiert *(„freeze")*. Ganz anders, wenn der Mandelkern lädiert ist: Solche Tiere können ihre sozialen Vorerfahrungen offenbar nicht mehr abrufen. Die Folge ist ein gestörtes Sozialverhalten. So reagieren sie gegenüber dominanten Gegnern kaum oder wie gleichgültig (schnuppern, erkunden, Fellpflege), als ob sie allein wären. In der freien Natur würden sie so vermutlich nicht lange überleben.

Dass Spielen auch die emotionale Regulation im Gehirn beeinflusst, zeigt eine weitere neurowissenschaftliche Studie. Im Zentrum stand das Neuropeptid *CKK* (Cholezystokinin), das hauptsächlich mit negativen emotionalen Zuständen zusammenhängt, wie Schmerz, Übersättigung oder Angst. Gemessen wurde es bei jungen Ratten, die 30 Minuten miteinander herumgetobt hatten (rough-and-tumble-play) und in einer Kontrollgruppe, die nicht gespielt hatte. Das Ergebnis: Bei der Spielgruppe war CKK in bestimmten Hirnarealen deutlich erniedrigt, was auf die positive affektive Wirkung von Spielen schließen lässt (s. Abb. 4.15).

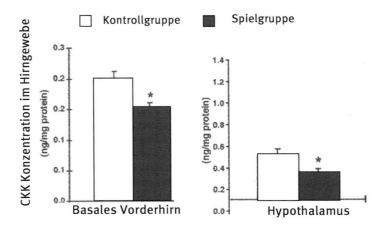

Abb. 4.15: Das Neuropeptid CKK (Cholezystokinin) ist mit negativen emotionalen Zuständen assoziiert (Schmerz, Angst). Nach dem Spiel war es in bestimmten Hirnarealen deutlich reduziert. (Burgdorf et al. 2006)

Wie bedeutsam Spielen für eine gesunde Entwicklung ist, konnte nicht nur bei Tieren, sondern auch bei Menschen nachgewiesen werden.

Der amerikanische Psychiater *Stuart Brown* hat den Zusammenhang zwischen Spiel und sozialer Entwicklung schon in den 1960er-Jahren entdeckt: Menschen, die sozial auffällig oder gar straffällig wurden, hatten als Kinder kaum gespielt.

Spielen fördert die kognitive, emotionale und soziale Intelligenz: Miteinander teilen, dem anderen den Vortritt lassen, bei Konflikten vermitteln und gewaltfrei kommunizieren. Auch Konfliktlösung, Durchhaltevermögen und Verhandlungskunst werden spielerisch trainiert.

Der Mediziner rät auch Erwachsenen, das Spielen nicht zu vergessen, denn: Ohne Spiel können wir gar nicht leben.

> When we stop playing, we start dying. *(Brown 2009: 73)*

Brown hat daher sogar ein eigenes Institut für Spielen gegründet: Das *National Institut for Play*. Für ihn ist Spiel nicht nur die „*Mutter der Innovationen*". Es ist außerdem ein gesundes Mittel zur Bewältigung von Stress und Vermeidung von Burn-Out. Dies gilt nicht nur für Menschen, sondern für den gesamten Planeten:

> When enough people raise play to the status it deserves in our lives, we will find the world a better place. *(ebd.: 218)*

Dabei sind Spiele in der *realen, analogen Wirklichkeit* gemeint. Eine Erkenntnis, die durch die moderne Neurobiologie bestätigt wird. *Spiegelneurone* sind in der Lage, sich in Andere hineinzuversetzen und sind gleichzeitig wesentlich daran beteiligt, die eigene Identität zu entwickeln (Bauer, in: Caspary 2010: 43). Als „*Zellen der Empathie*" leben sie von der Resonanz des Anderen, und damit von dessen Anwesenheit und Präsenz:

> Untersuchungen haben gezeigt, dass die Spiegelzellen ‚ausgeschaltet' sind, wenn man – anstatt eines handelnden Menschen – Handlungen eines Roboters oder Apparats beobachtet. *(Bauer, in: Caspary 2010: 48)*

Es lohnt sich daher, Freiräume zu gewähren, damit Menschen spielen können. Dies gilt nicht nur für Kinder und Jugendliche, sondern auch für Erwachsene.

When we stop playing, we start dying.
(Brown 2009)

„Stille Post: Zeichnen" (Teil II)

Dabei sollten sich auch Erwachsene daran erinnern: Spielen macht erst dann Freude, wenn es völlig zweckfrei ist.

> In all its manifestations play is characterised by its apparent lack of serious purpose or immediate goal. Play is the antithesis of adult 'work', in which the behavior has an obvious, and usually short-term, goal. *(Bateson, in: Pellegrini 2005: 14)*

Sobald äußere Ziele oder gar Belohnungen daran gekoppelt werden, scheint die Freude zu verschwinden:

> Motivation to play springs from within, and the readiness to perform tasks may, paradoxically, be reduced by external rewards. *(ebd.)*

Die Motivation zum Spielen kommt von innen. Es ist die Freude an der Freiheit und am Gelingen, die antreibt:

> A person's eagerness to play increases if the task is freely chosen and the performer discovers that his or her skill at some challenging task improves with practice. *(ebd.)*

Spielen ist ein geniale Erfindung der Natur: Es macht Freude, und ist gleichzeitig ein hochwirksames Instrument zu Lernen. Das Gehirn belohnt Spielen daher mit Glückshormonen, nach dem Motto: *Mehr davon!*

Spielen macht daher nicht nur glücklich. Sondern auch:

> Spielen macht schlau! *(Zimbel 2014)*

Spielforscher sprechen daher von einer natürlichen Methode des „Turbolernens":

> Auch wenn etwas im begeisterten Spiel noch nicht ganz so gelingt, wie man es sich vorstellt, erinnert man sich gerne daran und wiederholt das Spiel bei der nächstbesten Gelegenheit. Üben wird so nicht zur sturen Quälerei, sondern zu einem inneren Bedürfnis. *(ebd.: 23)*

Zeit, das Spielen in Schulen und Hochschulen aufzunehmen?

In all its manifestations play is characterised by its apparent lack of serious purpose or immediate goal. (Bateson 2005)

„Malerduo" (Teil II)

4.5 Nobelpreis für Spielen?

Für die sozialen Aspekte des Spiels interessiert sich auch eine Wissenschaft, die zunehmend an Bedeutung gewinnt – die Spieltheorie.

> Die Spieltheorie ist sozusagen die Mathematik der sozialen Interaktionen. Sie stellt Methoden und normale Modelle bereit, um soziale Interaktionen präzise zu beschreiben. *(Diekmann 2013: 12)*

Im Mittelpunkt steht meist ein soziales Dilemma oder ein moralischer Konflikt, der eine Entscheidung verlangt: An den eigenen Vorteil denken, oder an den des Anderen? Den eigenen Gewinn maximieren, und das womöglich auf Kosten des Anderen? Oder umgekehrt sein eigenes Interesse zurückstellen, zugunsten der Anderen?

Dabei ist zu bedenken, dass sich das Gegenüber die gleichen Fragen stellen wird.

> Spiele sind in diesem Bezugssystem Anwendungen strategischer Modelle, in denen es nur minimale Informationen über die Auswahl der Strategien der Partner gibt. *(Fröhlich 2010: 452)*

Menschen müssen sich ständig entscheiden, ob im Beruf, Alltag oder im Privatleben. Was bedeutet in diesem Zusammenhang *„Strategie"*?

> Die Ziele dieser Menschen stehen oft in Konflikt mit Ihren eigenen, aber es gibt auch Chancen für Bündnisse. In Ihrem Handeln müssen Sie also gleichzeitig die Konflikte berücksichtigen und die Kooperationsmöglichkeiten nutzen. Man nennt interaktive Entscheidungen dieser Art strategisch. Der Plan mit den passenden Handlungsschritten heißt Strategie. *(Dixit 1995: 4)*

Dabei wird das eigene Verhalten das Verhalten des anderen beeinflussen. Denn

> wie in der Physik gilt: ‚Jede unserer Aktionen löst eine Gegenreaktion aus.' Wir leben und handeln nicht im Vakuum. Wenn wir unser Verhalten ändern, können wir nicht annehmen, dass alles andere unverändert bleibt. *(ebd.: 30)*

Die in diesem Kontext konstruierten „Spiele" sind erstaunlich realitätsnah. Entsprechende Situationen finden sich überall, sei es in der Gesellschaft, Wirtschaft oder Natur. Dabei sind „Vorteile" nicht nur im „harten" Sinne, d. h. ökonomisch oder materiell, zu verstehen. Es können auch „weiche" Faktoren sein, wie Lebensqualität, soziale Dienste oder ökologische Überlebenschancen.

Spieltheoretische Erkenntnisse dienen daher immer mehr als „Labor", die auf andere Fachdisziplinen übertragbar sind:

Heute gibt es kaum mehr einen Bereich des menschlichen Handelns und Denkens, der ihr verschlossen wäre: Spiel ist Leben. *(Basieux 2008: 12)*

„*Die Welt als Spiel*" – so bezeichnet der belgische Mathematiker *Pierre Basieux* (geb. 1944) das inzwischen selbstbewusste Motto der Spieltheorie.

Es handelt sich zwar um eine relativ junge Wissenschaft, doch:

Sie hat die Sozialwissenschaften längst revolutioniert. *(Dixit 1995: 1)*

Einige Spiele wurden ursprünglich sogar entwickelt, um im Kleinen zu demonstrieren, was im Großen geschieht: Kriege, Wettrüsten, Kartellabsprachen, Überfischung der Meere oder Klimaschutz.

Kein Wunder, dass sich immer mehr Wissenschaftszweige für diese ursprünglich mathematische Disziplin interessieren: Ökonomie, Sozialwissenschaften, Verhaltenswissenschaften, Rechtswissenschaften, Informatik, aber auch Biologie, Ökologie, Evolutions- und Neurowissenschaften.

Wer sich heute mit Theorien in den Sozialwissenschaften befasst, sei es in Politikwissenschaften, Soziologie oder Ökonomie, kommt um Grundkenntnisse der Spieltheorie nicht herum. *(Diekmann 2013: 16)*

Wie in der Physik gilt: ‚Jede unserer Aktionen löst eine Gegenreaktion aus.' Wir leben und handeln nicht im Vakuum. (Dixit 1995)

„Fair Play: Apfelbaum" (Teil II)

Spieltheorie: Ein Rückblick

1913 befasste sich der deutsche Mathematiker *Ernst Zermelo* (1871–1953) mit der Theorie des Schachspiels: Mithilfe der Mengenlehre konnte er optimale Strategien und Lösungen beweisen. 1916 wurde der in Freiburg begrabene Wissenschaftler dadür mit einem Preis geehrt.

John von Neumann (1903–1957), österreichisch-ungarischer Mathematiker, setzte die Analyse von Gesellschaftsspielen fort und legte 1928 den Grundstein der Spieltheorie („Minimax-Theorem"). Zusammen mit *Oskar Morgenstern* (1902–1977), einem in Deutschland geborenen Wirtschaftswissenschaftler, übertrug er grundlegende Spielprinzipien auf das ökonomische Verhalten. 1944 publizierten beide das erste grundlegende Werk zur Spieltheorie (*Theory of Games and Economic Behavior*). Wichtige Themen dort sind *Nullsummenspiele* und *kooperative Spiele*.

Einen weiteren wichtigen Baustein lieferte der amerikanische Mathematiker *John F. Nash* (1928–2015), der den Begriff des Gleichgewichts einführte (*Nash-Gleichgewicht*). Es bezieht sich auf verschiedene Spieltypen, was die Spieltheorie wesentlich erweiterte. Diese ließ sich nun auch auf „nicht-kooperative Spiele" übertragen, wie sie in sozialen, politischen und wirtschaftlichen Konflikten vorkommen. Nash erhielt 1994 den Nobelpreis für Ökonomie, zusammen mit *John Harsanyi* (ungarischer Philosoph und Ökonom) und *Reinhard Selten* (deutscher Mathematiker und Ökonom). Geehrt wurde ihre *„pionierhafte Analyse des Gleichgewichts in der Theorie nicht-kooperativer Spiele"*. Die Biographie des hochbegabten, jedoch mental erkrankten John Nash wurde 2001 von Hollywood verfilmt („*A Beautiful Mind – Genie und Wahnsinn*"). Die Spieltheorie war – wenn auch nur indirekt – im Kinosaal angekommen (Diekmann 2013: 16f).

In den 1970er-Jahren wurde die Spieltheorie zunehmend von der Biologie entdeckt, um evolutionäre Prozesse zu verstehen. Spieler sind hier die „Organismen", die biologische Strategien und Anpassungsprozesse verfolgen. So scheint die Evolution spieltheoretische Prinzipien zu nutzen, um ein *„evolutionär stabiles Gleichgewicht"* zu erreichen.

Die klassische ökonomische Theorie ging davon aus, dass der Mensch ein kühler rationaler *„Homo oeconomicus"* ist, der nur seinen eigenen Vorteil sieht. Spieltheoretische Experimente zeigten jedoch: Diese Annahme ist eine Illusion! Menschen verhalten sich oft überraschend emotional und irrational. In diesem Zusammenhang wurde 2002 ein weiterer Nobelpreis für Ökonomie verliehen (*Daniel Kahnemann & Vernon L. Smith*).

In jüngster Zeit interessiert sich zunehmend auch die Neurowissenschaft für das Prinzip der „Kooperation" und dafür, was in dem Gehirn der Spieler passiert. Die Ökonomie hat den wertvollen Beitrag der Neurobiologie entdeckt, woraus eine spannende wissenschaftliche Kombination entstanden ist, die „Neuroökonomie". Dabei geht es um Dimensionen, die nicht nur ökonomisch, sondern auch gesellschaftlich hoch relevant sind: Kooperation und Vertrauen versus Egoismus und Misstrauen.

In Teil II werden einige klassische Spiele der Spieltheorie vorgestellt (s. Serie „Fair Play", S.8–S.13). In Teil III (Anhang) finden sich dazu einige wissenschaftliche Hintergrundinformationen (s. A.2). Gleichzeitig wagen wir dort noch einmal einen kleinen Blick in den Hirnscanner.

Und, haben Sie Lust aufs Spielen bekommen? Dann kann es ja losgehen. Im folgenden Teil finden Sie eine Auswahl an bewährten und beliebten Spielen zu unterschiedlichen Themen.

Teil II:Teamspiele

Teamspiele von A bis Z

Im Anschluss finden Sie die Teamspiele, die für dieses Buch ausgewählt wurden, in alphabetischer Reihenfolge geordnet. Um die Übersichtlichkeit zu erleichtern, wird jede Methode nach einer einheitlichen Gliederung dargestellt. Dabei wird gruppenorientierte Leitungserfahrung vorausgesetzt. Tipps und Hinweise zur didaktischen Konzeption und Gestaltung finden sich an anderer Stelle (Brunner 2011, 2006).

Die Abkürzung „*TN*" steht für TeilnehmerInnen, „*SL*" steht für Spielleitung. Impulse zur Reflexion finden sich im Anhang A.1. Vorab zeigt eine tabellarische Übersicht, welche Spiele vorgestellt werden, wo und wie sie sich einsetzen lassen.

Übersicht: Spiele, Themen, Kategorien

Teamspiele: Merkmale und Einsatzmöglichkeiten.
a. Seminarphase b. Thema c. Tempo, Stimmung d. Raum Anordnung e. Gruppierung

Teamspiel	a				b					c		d				e			
	Beginn, Aufwärmen	Im Verlauf, variabel	Ende, Abschluss	Kommunikation	Kooperation	Führen, Leiten	Wahrnehmung	Kreativität	Selbstreflexion	aktivierend, auflockernd	ruhig, konzentriert	freie Fläche	Einzeltische	Tischgruppe(n)	Stuhlkreis/-reihe	einzeln	paarweise	Kleingruppen	Plenum
Aufstellen	•				•					•		•							•
Bildersuche	•		•					•	•	•		•				•			
Blindenführung		•				•				•		•					•		
Botschafter		•		•				•		•				•				•	
Brief an mich		•							•	•			•			•			•
Brückenbau		•			•			•		•				•				•	
Ei(n)fall		•			•			•		•				•				•	
Fair Play- Serie		•			•					•	•	•		•	•	•		•	
Hinhören		•					•			•					•				•
Hürdenlauf		•				•				•		•					•		
Koffer packen			•						•					•	•	•			•
Kompliment			•	•						•		•							
Malerduo		•			•			•		•				•			•		
Namensball	•				•					•		•							•
Schwebeball		•			•					•		•							•
Seilkreis		•			•					•		•							•
Stille-Post Serie		•	•							•	•			•	•	•	•		•
Unter der Hand		•			•					•				•					•
Veränderung		•					•			•		•					•		
Vorurteile		•	•								•				•				•
Wortkarten		•	•							•					•				•
Zauberstab		•			•					•	•	•		•					•

S.1 Aufstellen

Thema: Kooperation
Worum es geht: sich nach bestimmten Kriterien im Raum platzieren
Worauf es zielt: sich (besser) kennen lernen, Einstieg in den Kurs

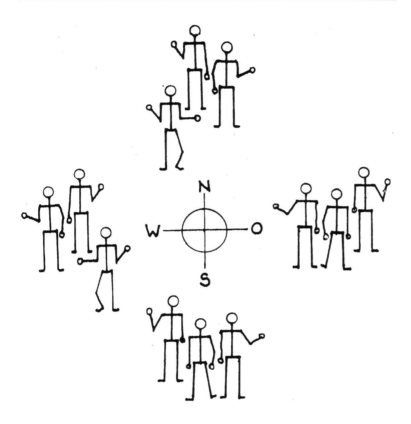

Geeignet für folgende Situation
– Gruppe, die sich noch gar nicht oder nur mäßig gut kennt
– Zu Beginn, nach einer Pause; zum Auftauen (Warming-Up)

Ablauf und Abfolge
1. TN stehen im Raum
2. TN stellen sich nach einem bestimmten Kriterium im Raum auf; so entsteht eine bestimmte Reihenfolge oder Ordnung
3. Mögliche Kriterien:

I. Alphabet
Anfangsbuchstabe des
  a. Nachnamens
  b. Vornamens

SL: *Bilden Sie eine Reihe nach der entsprechenden Reihenfolge: ganz links ist A, ganz rechts ist Z*
A ←--→ Z

II. Anzahl
  a. Lebensjahre
  b. Geschwister
  c. Semesterzahl oder Berufsjahre

SL: *Bilden Sie eine Reihe nach der entsprechenden Anzahl: Ganz links ist das Minimum, ganz rechts ist das Maximum*
Jüngste(r) ←----------------→ Älteste(r) (Lebensjahre)
0 ←-------------------------------------→ 5 (Geschwister)
1 ←-------------------------------------→ 7 (Semester)

III. Himmelsrichtung
  a. Geburtsort
  b. Wohnort
  c. Studienort
Die vier Himmelsrichtungen im Raum markieren. TN platzieren sich entsprechend; so können auch Gruppen entstehen.

SL: *Im Raum sind die 4 Himmelsrichtungen so verteilt: hier (oben) ist N, hier (unten) ist S, hier (rechts) ist O, hier (links) ist W. Wo ist Ihr Platz?*

Was zu beachten ist
– Auswahl und Reihenfolge der Kriterien sind variabel und von der jeweiligen Situation abhängig
– Kriterien können auf die jeweilige Situation zugeschnitten werden

Varianten
A. Seil, an dem sich die TN festhalten; bei „linearen" Kriterien: Alphabet, Anzahl ...
B. Es darf nicht gesprochen werden
C. Mit geschlossenen oder verbundenen Augen
D. Weitere Kriterien je nach Situation: Größe – Schuhe, Körper; Ort – wohnen, studieren, arbeiten; Urlaub; Dauer – Studiengang, Arbeitsplatz

Dauer
– Flexibel, abhängig von der Anzahl der TN und der Varianten
– Mind. 15 Min. & Reflexion

Raum
– Innen oder im Freien
– Größere freie Fläche
– Stolperfallen entfernen (Taschen, Flaschen ...)

Vorbereitung
✓ Kriterien oder Fragen vorbereiten
✓ Seil oder Wäscheleine
✓ Falls sinnvoll mit Hintergrundmusik (leise, rein instrumental)
✓ Raum richten
✓ Anleitung visualisieren (Tafel, Pinwand, Projektor ...)

TN-Zahl, Gruppierung
- Ideal: 8–12
- Plenum

Tempo, Stimmung
- Lebendig, auflockernd, heiter

Vorteil, Stärke, Chancen
- Ablauf unkompliziert, Vorbereitung gering
- Kommunizieren, kooperieren
- Sich auf spielerische Weise und in kurzer Zeit besser kennen lernen, Teamentwicklung
- Spontaneität, Flexibilität
- Humor, über sich selbst lachen können
- Auf ungezwungene Art Informationen erhalten, Gelegenheit zu weiterführenden Gesprächen geben *(Du kommst auch aus X? Du hast auch in Y studiert? ...)*
- SL kann gezielt Informationen einholen, die für ihn oder für die Gruppe wichtig sind

Nachteil, Schwäche, Risiko
- Persönliche Fragen (Alter, Anzahl der Geschwister ...) können anfangs zu weit gehen. Daher nur mit Vorsicht und in geeignetem Kontext einsetzen

Hinweise, Tipps
Dieses Teamspiel ist auch dann möglich, wenn die TN sich schon etwas besser kennen (gemeinsam studieren, an einem Projekt zusammenarbeiten ...). Oft sind sie dann erstaunt, was sie vom Anderen noch *nicht* wussten.

Impulse zur Reflexion
Die TN zunächst nach ihrem Befinden und nach ihrer Erfahrung fragen.
Mögliche Fragen: s. Kap. A.1

Impulse zum Transfer
- Wann, wo kommen ähnliche Situationen oder Verhaltensmuster vor?
- Welche Erfahrungen lassen sich in den Alltag übertragen?
- Was lässt sich daraus lernen?

Mögliche Antworten:
Seinen Platz finden; anderen dabei helfen, ihren Platz zu finden; von anderen hin und her geschoben werden; die Leitung übernehmen; sich einordnen; einen Standpunkt einnehmen, von einer bestimmten Perspektive aus sehen; den Standpunkt ändern, die Perspektive wechseln; Rollenwechsel; Hierarchie; Kommunikation; Missverständnis ausräumen; man weiß vom anderen weniger, als man denkt; Gemeinsamkeiten entdecken; Gemeinsamkeiten verbinden; Small Talk, sich anstellen, wo steht man in der Gruppe? Offenheit

Literatur
Baer U. 2011: 38 (Alle in einer Reihe)
Jones A. 1999: 80 (Line Up)
Rachow A. (Hg.) 2012: 43 (Deutschlandreise)

S.2 Bildersuche

Thema: Selbstreflexion
Worum es geht: jeder TN darf sich ein Bild aussuchen
Worauf es zielt: über das Bild und die eigene Wahl nachdenken, sich anschlie-
ßend austauschen

Geeignet für folgende Situation
Beginn, zwischendurch oder Abschluss

Ablauf und Abfolge

1. Bilder (Fotos, Gemälde) auf eine großen Fläche auslegen (Boden, Tischfläche)
2. TN dürfen sich erst einmal alle Bilder anschauen (sich orientieren, umschauen, herumlaufen)
3. Jeder TN darf dann ein Bild aussuchen
4. Anschließend Zeit zum Nachdenken (Selbstreflexion): Jeder für sich, bei Bedarf Notizen machen
5. Anschließend Zeit, sich im Plenum mitzuteilen und auszutauschen (Reflexion)
6. Mögliche Fragen:
   - Warum habe ich gerade jetzt dieses Bild gewählt?
   - Was bedeutet es mir?
   - Was verbinde ich damit?

Was zu beachten ist
Möglichst mehr Bilder als TN auslegen, um durch die Überzahl die Auswahl zu erhöhen

Varianten
A. Jedes Bild ist in 2 Kopien vorhanden. So können sich Paare bilden, die sich anschließend austauschen und später zusammenarbeiten
B. Jedes Bild ist in 3 oder mehr Kopien vorhanden. So können sich Teams bilden, die sich anschließend austauschen und später zusammenarbeiten

Dauer

Ca. 5–10 Minuten für die Auswahl. Anschließend Selbstreflexion & Reflexion

Raum
- Innen, ruhige Umgebung
- Große, freie Fläche (Tisch oder Boden)
- Stuhlkreis

Vorbereitung
- ✓ Bilder besorgen
  - Fotos von Landschaften, Natur, Menschen, Tieren
  - Kalenderblätter, Postkarten, Zeitschriften ...
- ✓ Jeweils einzeln oder mehrfach (Kopien)
- ✓ Hintergrundmusik (leise, rein instrumental)
- ✓ Anleitung visualisieren

TN-Zahl, Gruppierung
- Ideal: 8–15
- Plenum

Tempo, Stimmung
- Langsam, ruhig, konzentriert

Vorteil, Stärke, Chancen

- Bild dient als Fokus und zur Konzentration
- Zugang erleichtern: zu sich selbst, zum Anderen
- Bildersprache hilft, sich auszudrücken
- Schwellen und Hürden herabsetzen
- Es gibt sofort Gesprächsstoff: Warum gerade dieses Bild?
- Zu sich finden, in Kontakt zu sich selbst kommen
- Zur Ruhe kommen, Stille
- Authentisch, ehrlich, echt sein
- Vertiefen (Selbstreflexion, Reflexion im Plenum)
- Selbstwahrnehmung, Achtsamkeit
- Je nach Zeitpunkt:
  - Einstieg, Übergang oder Abschied vorbereiten
- Varianten: Methode der Teambildung (Paare, Gruppen)

Nachteil, Schwäche, Risiko

- Einigen TN könnte es schwer fallen, sich für ein Bild zu entscheiden oder die Wahl anschließend zu begründen

Hinweise, Tipps

Bildmotive möglichst mit Symbolgehalt, Metaphern, Archetypen: Weg, Berg, Wasser, Insel, Mauer, Grenze, Landschaft, Tierwelt ...

Fragen zur Bildersuche an die jeweilige Situation anpassen:
- Anfang, Einleitung: *Was führt mich hierher?*
- Zwischendurch: *Wo stehe ich gerade?*
- Ende, Ausklang: *Was nehme ich mit? Wie und Wohin werde ich gehen?*

Fragen können sich auf verschiedene Kontexte beziehen: Ankommen, Zwischenstand, Abschließen; bestimmtes Spiel, gesamter Kurs, Arbeitsplatz, Lebenssituation

Möglicherweise mit Hintergrundmusik begleiten

Impulse zur Reflexion

Mögliche Fragen: s. A.1

– Ein Aspekt aus dem Bild herausgreifen: *Was ist Ihnen dabei besonders wichtig? Was hat das mit Ihrer derzeitigen Situation zu tun?* (Gedanken, Gefühle, Erfahrungen, Vorsätze)

Impulse zum Transfer

– Wann, wo kommen ähnliche Situationen oder Verhaltensmuster vor?
– Welche Erfahrungen lassen sich in den Alltag übertragen?
– Was lässt sich daraus lernen?

Mögliche Antworten:

Sich ein Bild machen, Andere mit ähnlicher Wellenlänge finden (s. Varianten), Bildersprache, ein Bild sagt mehr als 1000 Worte; welches Bild habe ich von mir, von den Anderen, von der Welt? Zu sich finden, sich Zeit nehmen, Stille einüben, Selbstwahrnehmung, Achtsamkeit, Vertiefung, sich mitteilen und austauschen

Literatur:

Originalquelle unbekannt

Das Spiel wurde von der Autorin in einer Lehrveranstaltung von Prof. KA. Geißler erlebt, s. Geißler KA. 2005

Rachow A. 2012: 199 (Bilder-Reflexion)

S.3   Blindenführung

Thema: führen und geführt werden
Worum es geht: ein sehender TN führt einen blinden TN
Worauf es zielt: vertrauen, Verantwortung übernehmen, leiten, sich leiten lassen

Geeignet für folgende Situation

Für eine Gruppe, die sich bereits kennt; im Laufe einer Veranstaltung; als Einstieg in das entsprechende Thema

Ablauf und Abfolge

1. Paare mit je 2 TN bilden
2. Ein Partner verbindet sich die Augen (Augenbinde)
3. Der sehende Partner darf ihn führen (durch den Raum, möglicherweise durch weitere Räume oder ins Freie)
4. Dabei möglichst nicht sprechen; jedoch leichten Körperkontakt halten (Hand an den Arm, auf die Schulter, Holzstab …)
5. Nach ca. 10 Minuten die Rollen tauschen
6. Anschließend Reflexion

Was zu beachten ist

- Auf die Sicherheit der TN achten: Gefährliche Situationen vermeiden, wachsam sein, in der Nähe bleiben
- Bei ungerader TN-Zahl: Weitere TN entweder im Trio, als Beobachter oder Schiedsrichter einsetzen
- Die Sehenden daran erinnern, dass sie für die Sicherheit und das Wohlbefinden ihres blinden Partners verantwortlich sind!
- Die Sehenden daran erinnern, dass sie die Blinden behutsam auf mögliche Hindernisse vorbereiten (Türschwellen, Treppenstufen …)
- Betonen, dass es vor allem um das Erlebnis geht, nicht um Leistung, Tempo oder Wettbewerb
- Für Ruhe und Zeit sorgen: ruhige Umgebung wählen, genügend Zeit lassen
- Vor dem Rollenwechsel möglicherweise eine Zwischenreflexion einschieben (entweder intern zwischen den Paaren oder im Plenum)

Varianten

A. Kontaktfläche verändern: Hand auf die Schulter, Hand am Arm, Hand in Hand, Hand um Finger, Fingerspitze des Zeigefingers berühren, gemeinsam einen Gegenstand halten (z. B. Holzstab)

B. Beide TN dürfen miteinander sprechen, sich aber nicht berühren

C. Geräuschkulisse: Beide Partner vereinbaren vorher ein Geräusch, mit dem der Sehende den Blinden akustisch leitet (summen, klatschen, Finger schnipsen ...)

D. Erlebnisstationen einbauen: Blinde dürfen riechen, tasten, hören (s. Vorbereitung).

E. „Wie am Schnürchen": Eine Schnur wird durch den Raum (oder im Freien) gespannt, z. B. von zwei TN gehalten. Die blinden TN stellen sich am Startpunkt der Reihe nach auf, z. B. vor der Tür. Dann fassen sie nacheinander den Anfang der Schnur und folgen ihr nach. Entweder paarweise (Sehender-Blinder) oder als Gruppe (die meisten TN sind blind, einige Sehende assistieren und passen auf).

F. Im Freien: Die Gruppe vereinbart einen Weg und ein Ziel (in Sichtweite oder weiter). Der Weg wird mit einem gespannten Seil markiert, z. B. von zwei TN gehalten, die sich womöglich mit bewegen. Zu Beginn darf die Gruppe die Aufgabe besprechen und eine Strategie planen. Dann schließen alle TN die Augen (Augenbinden). Ziel ist, dass Alle den Weg entlang des Seils blind bewältigen und am Ende das Ziel berühren.

G. s. „Hürdenlauf", S.15

Dauer

– Flexibel, abhängig von der Anzahl der TN, Varianten und Weglänge

– Mind. 20 Min. & Reflexion

Raum
– Innen oder im Freien
– Größere freie Fläche, Stolperfallen entfernen (Taschen, Flaschen ...)
– Möglicherweise Tische für die Erlebnisstationen (s. Variante D)

Vorbereitung
✓ Augenbinden
✓ Bei Bedarf Schnur oder Seil (s. Variante E)
✓ Möglicherweise Erlebnisstationen vorbereiten (s. Variante D):
✓ Duftproben, Tastsäcke oder gefüllte Behälter (Sand, Kies, Erde, Wasser ...), Musik (Kopfhörer!), Bodenfläche verändern (Decke, Gummimatte, Pappe, Styropor ...)
✓ Raum richten
✓ Anleitung visualisieren (Tafel, Pinwand, Projektor ...)

TN-Zahl, Gruppierung
– Ideal: 10–16
– Paare

Tempo, Stimmung
Leise, langsam, ruhig, konzentriert; ernst bis heiter; raumgreifend; je nach Variante auch lebhaft und humorvoll

Vorteil, Stärke, Chancen

- Vertrauen, sich anvertrauen
- Vertrauenswürdig sein
- Führen, sich führen lassen
- Verantwortung übernehmen
- Kommunizieren, kooperieren
- Wahrnehmen, sich orientieren
- Sich einfühlen, sich hineinversetzen, Empathie
- Sich abstimmen, aufeinander eingehen
- Sich besser kennenlernen
- Zur Ruhe kommen, sich Zeit nehmen
- Sich als Team erleben, als Team ein gemeinsames Erlebnis haben
- Konstruktiver Umgang mit Konflikten und Problemen
- Humor, über sich selbst lachen können
- Mit Überraschungen umgehen, spontan reagieren
- Ruhe bewahren, gelassen bleiben
- Sich konzentrieren, zuhören
- Aufmerksam und achtsam sein
- Präsent sein, sensibel sein
- Vertrauensvolles Klima schaffen
- In kurzer Zeit anschauliche Beispiele erhalten und diese später grundsätzlich reflektieren

Nachteil, Schwäche, Risiko

- TN, die später an der Reihe sind, können sich gegenüber den vorherigen TN bevorzugt fühlen, da sie den Aufbau und Ablauf schon besser kennen. Die Reihenfolge daher bei den Varianten ändern.
- TN können sich bei körperlicher Nähe oder Körperkontakt unwohl fühlen. Die Gruppe sollte daher miteinander vertraut sein. Wahlweise einen Gegenstand anbieten, den beide festhalten (z. B. Holzstab)
- TN mit Hörproblemen können sich benachteiligt oder ausgeschlossen fühlen; vorher nachfragen
- Stolpergefahr
- Hemmschwelle
- Vorsicht bei achtlosen TN, diese können ihre Verantwortung unterschätzen

Hinweise, Tipps

Zu Beginn: TN dreht sich um die eigene Achse (Orientierung↓)

Hier heißt das Motto: *Der Weg ist das Ziel*, oder: *Der Prozess ist genauso wichtig wie das Produkt*. Es geht in erster Linie um das Erlebnis, um die Qualität der Kommunikation und Kooperation. Daher keine Zeit und keinen Wettbewerb vorgeben.

Beobachter können mit darauf achten, dass die Spielregeln eingehalten werden und sich Notizen machen, die sie in die Reflexion einbringen (s. Impulse zur Reflexion). Falls sinnvoll, entsprechendes Formular zum Ausfüllen vorbereiten.

Impulse zur Reflexion

Die TN zunächst nach ihrem Befinden und nach ihrer Erfahrung fragen. Mögliche Fragen: s. Kap. A.1

Impulse zum Transfer

- Wann, wo kommen ähnliche Situationen und Verhaltensmuster vor?
- Welche Erfahrungen lassen sich in den Alltag übertragen?
- Was lässt sich daraus lernen?

Mögliche Antworten:

Leiten, den Ton angeben, „Druck ausüben", die Richtung vorgeben, Richtlinien, Leitfaden, alte Seilschaften, Visionen, in die Irre führen, Verantwortung übernehmen, vertrauenswürdig sein; vertrauen, sich anvertrauen, im Dunkeln tappen, blind sein für etwas, einen blinden Fleck haben, Verantwortung abgeben, den anderen machen lassen; sich orientieren, eingearbeitet werden, Richtlinie, nachfolgen, sensibel sein, achtsam sein, richtig hinhören, genau zuhören, auf Feinheiten achten, feine Signale wahrnehmen, mit allen Sinnen wahrnehmen, sich nicht aus der Ruhe bringen lassen, ganz bei der Sache sein, sich einstimmen, sich einfühlen, sich hineinversetzen, Empathie

Literatur

Dürrschmidt P. et al. 2014: 79 (Blindenführung)

Pfeiffer JW. & Jones JE. 1976, Bd. 2: 142f (Einen Blinden führen, Blindlauf)

Rachow A. (Hg.) 2012: 7 (Blindenführung), 167 (Durch Geräusche leiten)

S.4 Botschafter

Thema: Kommunikation
Worum es geht: zwei Teams bauen jeweils eine Brückenhälfte, die am Schluss miteinander verbunden werden. Die Teams kommunizieren nur indirekt über je einen Botschafter
Worauf es zielt: kommunizieren, sich abstimmen, kooperieren

Geeignet für folgende Situation

Für eine Gruppe, die sich bereits kennt; im Laufe einer Veranstaltung; als Einstieg in das entsprechende Thema

Ablauf und Abfolge

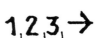

1. Zwei Teams bilden (je ca. 5 TN)
2. Beide Teams (A, B) sitzen an separaten Tischen oder Tischgruppen
3. Jedes Team hat die gleichen Materialien zur Verfügung (s. u.)
4. Jedes Team bestimmt einen *Botschafter*, der für die Information und Kommunikation sorgt
5. Aus der restlichen Gruppe einen *Bauleiter* bestimmen
6. Die restlichen TN sind Beobachter
7. Der Bauleiter erhält ein Blatt mit der Aufgabe (s. u.) und bereitet sich kurz vor (lesen, nachdenken). Dann vermittelt er diese Aufgabe an die beiden Botschafter (A, B)
8. Die beiden Botschafter übermitteln die Aufgabe jeweils an ihr eigenes Team (A, B)
9. Die *Aufgabe* lautet wie folgt:

I. Ablauf

a. Jedes Team baut eine Brückenhälfte, die bis zur Flussmitte reicht
b. Die Arbeiten sind jeweils geheim; die Teammitglieder dürfen ihren Arbeitsplatz also nicht verlassen
c. Beide Teams haben das gleiche Ziel: Dass ihr jeweiliges Brückenende an das andere passt. Beide Brückenenden sollen sich am Ende genau miteinander verbinden lassen
d. Um sich miteinander abzustimmen, dürfen die Teams ihren jeweiligen Botschafter einsetzen. Die Botschafter dürfen sich außerhalb der Arbeitsräume treffen und austauschen
e. Der Wunsch nach einem solchen Treffen ist beim Bauleiter anzumelden. Dieser informiert das andere Team oder dessen Botschafter

II. Kriterien

a. Die Spannweite der gesamten Brücke ist 60 cm
(d. h. 2 x 30 cm)
b. Die Fahrbahn ist mindestens 10 cm breit

c. Die lichte Durchfahrtshöhe für die Schiffe beträgt mindestens 9 cm über die gesamte Flussbreite
d. Im Flussbett dürfen keine Brückenteile stehen
e. Jede Brückenhälfte hat auf der Landseite eine Auffahrt
f. Jede Brückenhälfte lässt sich über dem Fluss exakt mit der anderen Hälfte verbinden

III. Belastungstest

Am Schluss werden die beiden Brückenhälften im Plenum zusammengeführt. Als Belastungstest dient ein Holzfahrzeug (Spielzeugauto), das sich herauf- oder herabrollen lässt

10. Am Ende die Ergebnisse für alle sichtbar ausstellen. Jedes Team präsentiert sein Produkt und erläutert, wie der Arbeitsprozess abgelaufen ist.
11. Den abschließenden Test durchführen: Passen die Hälften zueinander? Ist die Brücke belastbar und tragfähig?
12. Nach Möglichkeit Preise vergeben
13. Anschließend Reflexion

Was zu beachten ist
- Die Teams arbeiten separat, können sich also nicht sehen oder austauschen (separate Raumnischen oder Räume)
- Die beiden Botschafter treffen sich jeweils außerhalb der Teams beim Bauleiter. Der Bauleiter vermittelt jeweils den Kontakt, wenn es ein Team wünscht.
- Die beiden Botschafter übermitteln nicht nur Information, sondern vermitteln auch zwischen unterschiedlichen Ideen, Konzepten. Ziel ist eine Einigung der beiden Teams, so dass eine Passung entsteht.
- Zu der Spannweite noch bestimmte Flächen hinzuzählen (Auflage an „Land", Verbindung in der Mitte): ca. 40 cm je Brückenhälfte
- Teams dürfen beliebig viel skizzieren
- Wie die Konstruktion entsteht, ist freigestellt (zuschneiden, biegen, zusammenfügen, kleben ...)
- Für Ruhe und Zeit sorgen

Varianten

A. Zeit vorgeben (z. B. 15 Min.)
B. Materialmenge offen lassen (beliebig viele Papierbögen, Trink-halme ...). Gewonnen hat die Brückenhälfte, die bei ausreichen-der Belastbarkeit das geringste Material verbraucht hat (mit Brief- oder Küchenwaage wiegen)
C. Bei größeren Gruppen: 2 Bauleiter mit je 2 Teams bilden
D. Andere Materialien (ergänzend oder alternativ): Zahnstocher, Schaschlik-Spieße, Schnüre, Gummis
E. Das Spielzeugauto (Holz, Kunststoff) soll von selbst an „Land" herabrollen können, d. h. die Brückenhälfte hat jeweils eine ge-bogene Abfahrt

Dauer

– Flexibel, abhängig von der Anzahl der TN und der Varianten
– Mind. 30 Min. & Reflexion

Raum

– Innen; ruhiger Ort
– Größere freie Fläche
– 2 getrennte Tischgruppen (kleine Tische zusammenstellen): In Raumecken, möglicherweise mit Trennwänden, oder in separa-ten Räumen
– Visualisierungsfläche (Tafel, Pinwand, Whiteboard, Metall-schiene ...) mit Schreibmaterial und Befestigungselementen

Vorbereitung

Baumaterial (für jedes Team gleich)

✓ (Karton-)Papier (8 Bögen)

   oder

✓ Trinkhalme, Kordel

Zusätzliche Hilfsmittel:

✓ Schere, Lineal, Klebestift

✓ Bleistift, Radiergummi (zum Skizzieren)

✓ Rollender Gegenstand (Spielzeugauto aus Holz oder Kunststoff)

✓ Möglicherweise Pin- oder Stellwand (Raumteilung)

✓ Raum richten

✓ Anleitung visualisieren (Tafel, Pinwand, Projektor ...)

TN-Zahl, Gruppierung

– Ideal: 10–15

– Gruppen

Tempo, Stimmung

Leise, langsam, ruhig, konzentriert; dennoch heiter; zunehmend lebhaft

Vorteil, Stärke, Chancen

– Kommunizieren, Informationen präzise übermitteln

– Diplomatie

– Sich als Team erleben

– Kooperieren, sich abstimmen

– Leiten, sich leiten lassen

– Zur Ruhe kommen, sich konzentrieren

– Kreativ und innovativ sein

– Strategisch denken

– Belastbar sein, gelassen bleiben

– Humorvoll sein, über sich selbst lachen können

– Ruhe bewahren, gelassen bleiben

– Im Idealfall Erfolgserlebnis für das Team

– Konstruktiver Umgang mit Konflikten oder Problemen

– Verlieren können, Frustrationstoleranz

 – In kurzer Zeit anschauliche Bei-Spiele erhalten und diese später grundsätzlich reflektieren

Nachteil, Schwäche, Risiko

- Wird die Aufgabe nicht erfüllt, können die Teams enttäuscht sein
- Es können Konflikte entstehen (unterschiedliche Ideen oder Strategien, wer setzt sich durch ...)

Hinweise, Tipps

Beobachter können mit darauf achten, dass die Spielregeln eingehalten werden und sich Notizen machen, die sie in die Reflexion einbringen (s. Fragen zu Reflexion und Transfer). Falls sinnvoll, entsprechendes Formular zum Ausfüllen vorbereiten.

Darauf achten, dass der spielerische Charakter nicht verloren geht (Humor, Gelassenheit).

Die verschiedenen Ergebnisse zunächst von den TN selbst präsentieren und erläutern lassen. Die Spannung möglichst lange aufrechterhalten. Erst am Ende vergleichen und bewerten.

Den Belastungstest spannend und feierlich gestalten (Tusch, kurze Erläuterung durch die Teams, Applaus); Siegerehrung mit Preisvergabe anschließen.

Auch die „Verlierer" für Ihre Ideen oder Versuche loben und ihnen einen kleinen Preis verleihen.

Impulse zur Reflexion

Die TN zunächst nach ihrem Befinden und nach ihrer Erfahrung fragen. Mögliche Fragen: s. Kap. A.1

Impulse zum Transfer

- Wann, wo kommen ähnliche Situationen und Verhaltensmuster vor?
- Welche Erfahrungen lassen sich in den Alltag übertragen?
- Was lässt sich daraus lernen?

Mögliche Antworten:
Wie leicht Missverständnisse entstehen, kommunizieren als verantwortungsvolle Aufgabe, sich abstimmen, sich einigen, kooperieren, führen, sich führen lassen, sich einfügen, kreatives Denken, innovativ sein, querdenken, seine Idee durchsetzen oder zurückstellen, strategisch denken, Visionen, sich nicht aus der Ruhe bringen las-

sen, gelassen bleiben, ganz bei der Sache sein, „belastbare" Konzepte oder „tragfähige" Ideen entwickeln; Projektarbeit, Zusammenarbeit zwischen Abteilungen oder Ländern, Diplomatie

Literatur
Antons K. 1975: 135f (Planspiel; Kooperation, Wettbewerb, Entscheidungen)
Dürrschmidt P. et al. 2014: 85f (Brückenbau)

S.5   Brief an mich

Thema: Selbstreflexion
Worum es geht: jeder TN schreibt sich selbst einen Brief, den er nach einiger Zeit per Post erhält
Worauf es zielt: persönlicher Transfer in den Alltag (beruflich, privat)

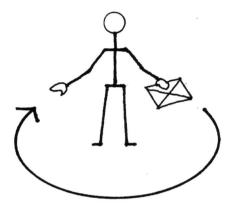

Geeignet für folgende Situation
Abschluss, Ausklang

Ablauf und Abfolge

1. Jeder TN sitzt an einem Tisch und stellt sich den Seminar- oder Kursablauf rückblickend noch einmal vor
2. Jeder TN erhält einen Briefbogen mit Briefumschlag und darf sich selbst einen Brief schreiben. Dieser ist etwa so aufgebaut:
   - Persönliche Anrede: *Liebe(r) ...*
   - Hier und Jetzt: *Du befindest Dich gerade ... Dir geht es gerade ... Du denkst gerade ...*
   - Rückblick: *In der Zeit vom ... hast Du an dem Kurs ... teilgenommen. Dabei ging es um ... Wichtige Etappen oder Meilensteine waren ...*
   - Auswertung: *Besonders beeindruckt hat Dich ... Besonders gefallen hat Dir ... Besonders wichtig war für Dich ...*
   - Ausblick: *Was Du aus dem Kurs mitnimmst, ist ... Was Du umsetzen möchtest, ist ...Was Du Dir konkret vornimmst, ist ...*
   - Abschließender Gruß: *Mit allen guten Wünschen, Dein(e) ...*
3. Jeder TN adressiert den Briefumschlag an sich selbst, legt den Brief hinein und verschließt den Umschlag.
4. Die Umschläge einsammeln und nach einiger Zeit an die TN verschicken (z. B. nach 2–4 Wochen)

Was zu beachten ist
- Darauf achten, dass jeder TN genügend Zeit hat
- Für eine ruhige Umgebung sorgen
- Reservebögen bereithalten
- Falls sinnvoll mit Hintergrundmusik (leise, rein instrumental)

Varianten

A. TN schicken sich den Brief gegenseitig zu

B. Zeitliches Intervall der Briefzustellung kann variieren: sofort nach Kursende, innerhalb von 2 oder 4 Wochen, nach 3 oder 6 Monaten ...

Dauer

– Mind. 10 Min. & Reflexion (optional)

Raum

– Innen, ruhige Umgebung

– Locker verteilte Einzeltische und Stühle

Vorbereitung

✓ Papierbögen (DIN A4)

✓ Briefumschläge

✓ Möglicherweise Briefmarken

✓ Filzschreiber

✓ Hintergrundmusik (leise, rein instrumental)

✓ Raum richten

✓ Anleitung visualisieren (Tafel, Pinwand, Projektor ...)

TN-Zahl , Gruppierung

– Ideal: 10–15

– Einzeln

Tempo, Stimmung

Langsam, ruhig, konzentriert

Vorteil, Stärke, Chancen
- Selbstreflexion
- Kontakt zu sich selbst finden
- Selbstverantwortung erfahren
- Loslassen
- Abschied oder Übergang vorbereiten
- Sich noch einmal als Team erleben
- SL als „fürsorgend" erleben

Nachteil, Schwäche, Risiko
- Einigen TN kann es schwerer fallen, zu schreiben. Diese sind dann entweder schnell fertig oder besonders langsam

Hinweise, Tipps
Schreibphase möglicherweise mit Hintergrundmusik begleiten.

Jeder TN bringt eine Briefmarke mit, so dass sich der finanzielle Aufwand fair verteilt.

Die Übung baut die Brücke zur Phase „danach". Sie zielt nicht auf eine Kursauswertung im engeren Sinne und kann diese nicht ersetzen.

Der Brief ermöglicht eine spätere Erinnerung im Alltag.

Die Reflexion ist optional und lediglich ein Angebot. Die Reflexion zeitlich begrenzen, z. B. auf nur einen Aspekt beschränken *(Was ich gelernt habe; was ich mitnehme)*.

Impulse zur Reflexion
Zu Beginn der Reflexion die TN zunächst nach ihrem Befinden und nach ihrer Erfahrung fragen:
- Wie geht es Euch jetzt?
- Wie ist es Euch bei der Übung ergangen?
- Wie habt Ihr die Übung erlebt?
- Ein Aspekt aus dem Brief: Was war Euch besonders wichtig? Was möchtet Ihr mitnehmen oder umsetzen?

Impulse zum Transfer
– Wann, wo kommen ähnliche Situationen oder Verhaltensmuster vor?
– Welche Erfahrungen lassen sich in den Alltag übertragen?
– Was lässt sich daraus lernen?

Mögliche Antworten:
Über sich selbst nachdenken, Selbstcoaching, Selbstmanagement, Selbstevaluation, Selbstkontrolle, Follow-up, Weichen neu stellen, ständig dazulernen, lebenslanges Lernen, nachhaltig lernen, Lernen als Grundhaltung, Abschied nehmen, in Kontakt bleiben (mit sich selbst, mit der SL, indirekt auch mit der Gruppe)

Literatur
Baer U. 2011: 81 (Brief an sich selbst)
Dürrschmidt P et al. 2014: 83 (Brief an mich selbst)
Rachow A. (Hg.) 2012: 209 (Postkarte an mich selbst)

S.6   Brückenbau

Thema: Kooperation
Worum es geht: eine Brücke bauen, die ein bestimmtes Gewicht trägt
Worauf es zielt: sich abstimmen, strategisch denken, kreativ denken, Teamentwicklung

---

Geeignet für folgende Situation
Als Einstieg in das entsprechende Thema

Ablauf und Abfolge
1. Kleine Teams bilden (je 2–4 TN)
2. Jedes Team darf eine Brücke bauen
3. Die Kriterien für die Brücke lauten:
   - Die freie Spannweite beträgt 60 cm (2 Stühle oder Tische gegenüberstellen)
   - Bestimmtes Baumaterial (s. *Vorbereitung*)
   - Die Brücke soll ein bestimmtes Gewicht tragen können (kleinen Holzklotz, Tennisball, Spielzeug-Auto ...). Dieses Gewicht kann wahlweise aufgelegt oder angehängt werden.
4. Gewonnen hat diejenige Brücke, die den Belastungstest besteht und gleichzeitig am wenigsten Material verbraucht hat. Das Gewicht abschließend prüfen (Brief- oder Küchenwaage)
5. Nach der Konstruktionsphase im Plenum treffen. Die Ergebnisse für alle sichtbar ausstellen.
6. Jedes Team präsentiert sein Produkt und erläutert, wie der Arbeitsprozess abgelaufen ist.
7. Es folgen die Belastungstests und das Wiegen der Brücken.
8. Falls sinnvoll, Preise vergeben
9. Anschließend Reflexion

Was zu beachten ist
- Die Teams arbeiten separat, ohne sich untereinander auszutauschen (separate Raumnischen oder Räume)
- TN dürfen beliebig viel skizzieren
- Wie die Konstruktion entsteht, ist offen (zuschneiden, biegen, zusammenfügen, kleben ...)
- Für Ruhe und Zeit sorgen
- Ergebnisse am Ende übersichtlich darstellen und vergleichen: Einzelne Runden, Varianten. Dafür eine Tabelle vorbereiten (Tafel, Pinwand, Projektor ...)

Varianten

A. Zeit vorgeben (z. B. 15 Min.)

B. Materialmenge vorgeben: In dem Fall ist das jeweilige Gewicht identisch. Gewonnen hat die Brücke, die das höchste Gewicht aushält (mehrere Gewichte mitbringen, um es steigern zu können)

C. Andere Materialien (ergänzend oder alternativ): Zahnstocher, Schaschlik-Spieße, Schnüre, Gummis

D. Es darf nicht gesprochen werden

E. Die Teams dürfen sich untereinander austauschen

F. Die Brücke soll gebogen sein, so dass ein runder Gegenstand darüber rollen kann (Tennisball, Spielzeugauto)

G. *Turmbau zu Babel:* Statt einer Brücke einen möglichst hohen Turm bauen (Papier, Trinkhalme). Gewonnen hat der höchste Turm mit dem geringsten Materialverbrauch. Am Ende wiegen!

H. Einzelarbeit: Jeder arbeitet für sich

Dauer

- Flexibel, abhängig von der Anzahl der TN und der Varianten
- Mind. 20–30 Min. für die Konstruktion, zusätzlich Präsentation & Reflexion

Raum

- Innen, ruhiger Ort
- Größere freie Fläche, Stolperfallen entfernen (Taschen, Flaschen ...)
- Getrennte Tischgruppen (kleine Tische zusammenstellen): in Raumecken, mit Trennwänden oder in separaten Räumen

Vorbereitung

Baumaterial (für jedes Team gleich):

- ✓ Papier, Klebstoff (Roller oder Tube)
  oder
- ✓ Trinkhalme, Kordel

Zusätzliche Hilfsmittel

- ✓ Schere, Lineal
- ✓ Bleistift, Radiergummi (zum Skizzieren)
- ✓ Gewicht (z. B. kleiner Holzklotz), möglicherweise mehrere davon
- ✓ Alternativ rollender Gegenstand (Tennisball, Spielzeugauto)
- ✓ Raum richten
- ✓ Anleitung visualisieren (Tafel, Pinwand, Projektor ...)

TN-Zahl, Gruppierung

- – Ideal: 10–15
- – Kleingruppen

Tempo, Stimmung

Leise, langsam, ruhig, konzentriert; dennoch heiter; zunehmend lebhaft

Vorteil, Stärke, Chancen

- – Kommunizieren, sich als Team erleben
- – Kooperieren, sich abstimmen
- – Zur Ruhe kommen, sich konzentrieren
- – Kreativ und innovativ sein
- – Strategisch denken
- – Belastbar sein, gelassen bleiben
- – Im Idealfall Erfolgserlebnis für das Team
- – Konstruktiver Umgang mit Konflikten und Problemen
- – Humorvoll sein, über sich selbst lachen können
- – Ruhe bewahren, gelassen bleiben
- – Verlieren können, Frustrationstoleranz
- – In kurzer Zeit anschauliche Bei-Spiele erhalten und diese später grundsätzlich reflektieren

Nachteil, Schwäche, Risiko
- Teams, die „verloren" haben, können enttäuscht sein
- Es können Konflikte entstehen (unterschiedliche Ideen oder Strategien, wer setzt sich durch ...)

Hinweise, Tipps
Bei Bedarf Beobachter einsetzen: Diese können mit darauf achten, dass die Spielregeln eingehalten werden und sich Notizen machen, die sie in die Reflexion einbringen (s. Impulse zur Reflexion). Falls sinnvoll, entsprechendes Formular zum Ausfüllen vorbereiten.

Darauf achten, dass der spielerische Charakter nicht verloren geht (Humor, Gelassenheit).

Die verschiedenen Ergebnisse zunächst von den Teams selbst präsentieren und erläutern lassen. Die Spannung möglichst lange aufrechterhalten. Erst am Ende vergleichen und bewerten.

Den Belastungstest spannend und feierlich gestalten (Tusch, kurze Erläuterung durch die Teams, Applaus); Siegerehrung mit Preisvergabe anschließen.

Auch die „Verlierer" für Ihre Ideen oder Versuche loben und ihnen einen kleinen Preis verleihen.

Impulse zur Reflexion
Die TN zunächst nach ihrem Befinden und nach ihrer Erfahrung fragen. Mögliche Fragen: s. Kap. A.1

Impulse zum Transfer
- Wann, wo kommen ähnliche Situationen oder Verhaltensmuster vor?
- Welche Erfahrungen lassen sich in den Alltag übertragen?
- Was lässt sich daraus lernen?

Mögliche Antworten:

Kreatives Denken, innovativ sein, querdenken, strategisch denken, Projektarbeit, Visionen, sich nicht aus der Ruhe bringen lassen, gelassen bleiben, ganz bei der Sache sein, sich abstimmen, sich einigen, seine Idee durchsetzen oder zurückstellen, kooperieren, leiten, sich einfügen, „belastbare" Konzepte oder „tragfähige" Ideen entwickeln

Literatur
Antons K. 1975: 131ff (Turmbau-Übung); Verweis auf Originalquelle: Sbandi P. 1970

Birnthaler M. 2014: 72 (Turm zu Babel)
Jones A. 1999: 92 (Tall Tower), 66f (Blindfold Build)
Kirsten RE & Müller-Schwarz J. 2008: 209f (Turmbau)
Pfeiffer JW. & Jones JE. 1974, Bd. 1: 51ff (Der Turm – Ein Wettbewerb zwischen Gruppen), 1976, Bd. 2: 56 (Modellbau – Ein Wettbewerb zwischen Gruppen)
Rachow A. (Hg.) 2002: 133 (Turmbau zu Babel)

S.7   Ei(n)fall

Thema: Kooperation
Worum es geht: ein Ei so schützen, dass es den freien Fall unbeschadet über-
steht
Worauf es zielt: sich abstimmen, kreativ denken, Teamentwicklung

Geeignet für folgende Situation
Als Einstieg in das entsprechende Thema

Ablauf und Abfolge

1. Kleine Teams bilden (je 3–4 TN); weitere TN sind Beobachter
2. Jedes Team zieht sich an seinen Arbeitsplatz zurück (Tisch oder Tischgruppe, in Raumecken oder separaten Räumen)
3. Jedes Team erhält ein Ei (gekocht oder roh) sowie die gleichen Materialien (s. u.)
4. Aufgabe ist es, das Ei so zu schützen, dass es den freien Fall übersteht (ca. 2–3 m Höhe)
5. Jedes Team arbeitet für sich, ohne sich miteinander auszutauschen
6. Nach Ablauf der Zeit (ca. 20–30 Min.) trifft man sich wieder im Plenum.
7. Die Ergebnisse für alle sichtbar ausstellen. Jedes Team präsentiert sein Produkt und erläutert, wie der Arbeitsprozess abgelaufen ist.
8. Es folgt die *„Flugshow"*: Eine neutrale Person (z. B. Beobachter) stellt sich auf einen Stuhl, streckt den Arm hoch und lässt das jeweilige Ei fallen (in ein Gefäß, auf ein großes Tablett oder eine Plastikplane).
9. Haben mehrere Eier die Flugshow überstanden, wird die Fallhöhe gesteigert
10. Preisverleihung
11. Anschließend Reflexion

Was zu beachten ist

–   Ein gekochtes Ei ist einfacher zu handhaben als ein rohes
–   Für Ruhe und Zeit sorgen
–   TN dürfen sich beliebig lang besprechen, möglicherweise auch skizzieren
–   Wie die Konstruktion entsteht, ist offen (zuschneiden, biegen, zusammenfügen, kleben ...)
–   Fallhöhe exakt festlegen und markieren (Zollstock, Schnur spannen)
–   Fallhöhe bei Erfolg steigern (2 m, 2,50 m, 3 m ...; falls möglich, aus dem Fenster im EG, im 1. OG ...)

- Sind mehrere Eier erfolgreich, weitere Kriterien einführen: Präsentation, Ästhetik, Originalität, Innovation, Gewicht, Flugverhalten, Zustand nach der Landung
- Ergebnisse am Ende übersichtlich darstellen und vergleichen: Einzelne Runden, Varianten. Dafür eine Tabelle vorbereiten (Tafel, Pinwand, Projektor …)

Varianten

A. Materialien (alternativ oder ergänzend): Zeitungspapier, Schnüre (Kordel, Nähgarn), Gummis, Trinkhalme

B. Eine „Krempelkiste" zur Verfügung stellen, aus der sich die TN frei bedienen können: s. A, (Seiden-)Tücher, Stoffreste …

C. Ein Fluggerät konstruieren. Beispiel: Papier in Streifen schneiden, sowie weitere Materialien; s. Variante A, B

D. Materialmenge offen lassen. Gewonnen hat das Ei, das die Flugshow übersteht und mit Material am wenigsten wiegt (mit Brief- oder Küchenwaage wiegen; vorher - nachher vergleichen)

E. Zeit vorgeben (z. B. 20 Min.)

F. Jedes Team hat einen eigenen Beobachter, der den Prozess analysiert, dokumentiert, und anschließend berichtet

G. Es darf nicht gesprochen werden

H. Die Teams dürfen sich untereinander austauschen

Dauer

- Flexibel, abhängig von der Anzahl der TN und der Varianten
- Mind. 20–30 Min. für die Konstruktion, zusätzlich Präsentation („Flugshow") & Reflexion

Raum

- Innen (ruhiger Ort); möglicherweise auch im Freien
- Größere freie Fläche, Stolperfallen entfernen (Taschen, Flaschen …)
- Getrennte Tischgruppen (kleine Tische zusammenstellen): In Raumecken, mit Trennwänden oder in separaten Räumen

Vorbereitung
Material, für jedes Team gleich:
- ✓ Ein Ei (roh)
- ✓ 4–5 Luftballons (nicht aufgeblasen)
- ✓ Tesafilm (1 kleine Rolle), 1 Korken

Zusätzliche Hilfsmittel:
- ✓ Schere
- ✓ Bei Bedarf Papier, Bleistift, Radiergummi (skizzieren)

Außerdem für den SL:
- ✓ Gefäß, Plastikplane (Ei auffangen)
- ✓ Bei Bedarf Zollstock, Schnur (Fallhöhe markieren)
- ✓ Raum richten
- ✓ Anleitung visualisieren (Tafel, Pinwand, Projektor ...)

TN-Zahl, Gruppierung
- – Ideal: 10–15
- – Kleingruppen

Tempo, Stimmung
Leise, langsam, ruhig, konzentriert; zunehmend lebhaft und heiter

Vorteil, Stärke, Chancen
- – Kooperieren, sich abstimmen
- – Kreativ und innovativ sein
- – Strategisch denken
- – Kommunizieren, sich als Team erleben
- – Zur Ruhe kommen, sich konzentrieren
- – Belastbar sein, gelassen bleiben
- – Im Idealfall Erfolgserlebnis für das Team
- – Konstruktiver Umgang mit Konflikten oder Problemen
- – Humorvoll sein, über sich selbst lachen können
- – Verlieren können, Frustrationstoleranz
- – In kurzer Zeit anschauliche Bei-Spiele erhalten und diese später grundsätzlich reflektieren

Nachteil, Schwäche, Risiko
–   Teams, die „verloren" haben, können enttäuscht sein
–   Es können Konflikte entstehen (unterschiedliche Ideen oder Strategien, wer setzt sich durch ...)

Hinweise, Tipps
Beobachter können mit darauf achten, dass die Spielregeln eingehalten werden und sich Notizen machen, die sie in die Reflexion einbringen (s. Impulse zur Reflexion). Falls sinnvoll, entsprechendes Formular zum Ausfüllen vorbereiten.

Darauf achten, dass der spielerische Charakter nicht verloren geht (Humor, Gelassenheit).

Die verschiedenen Ergebnisse zunächst von den Teams selbst präsentieren und erläutern lassen. Die Spannung möglichst lange aufrechterhalten. Erst am Ende vergleichen und bewerten.

Die „Flugshow" spannend und feierlich gestalten (Tusch, kurze Erläuterung durch die Teams, Applaus); Siegerehrung mit Preisvergabe anschließen.

Auch die „Verlierer" für Ihre Ideen oder Versuche loben und ihnen einen Preis verleihen.

Impulse zur Reflexion
Die TN zunächst nach ihrem Befinden und nach ihrer Erfahrung fragen.
Mögliche Fragen: s. Kap. A.1

Impulse zum Transfer
–   Wann, wo kommen ähnliche Situationen oder Verhaltensmuster vor?
–   Welche Erfahrungen lassen sich in den Alltag übertragen?
–   Was lässt sich daraus lernen?

Mögliche Antworten:
Kreatives Denken, innovativ sein, querdenken, strategisch denken, Projektarbeit, Zusammenarbeit zwischen Abteilungen, Visionen, sich nicht aus der Ruhe bringen lassen, gelassen bleiben, ganz bei der Sache sein, sich abstimmen, sich einigen, seine Idee durchsetzen oder zurückstellen, kooperieren, leiten, sich einfügen, „belastbare" Konzepte entwickeln, jemanden wie ein rohes Ei behandeln

Literatur
Birnthaler M. 2014: 62 (Protektor)
Dürrschmidt P. et al. 2005: 143 (Großer Eierfall)
Jones A. 1999: 116: Egg Construction
Rachow A. 2000: 147 (Das fliegende Ei)
Wallenwein G. 2013: 255 (Können Eier fliegen?)

S.8   Fair Play 1: Apfelbaum

Thema: Kooperation
Worum es geht: um Äpfel verhandeln (Menge, Preis)
Worauf es zielt: verhandeln nach dem Harvard-Konzept, eine Win-win-Situation herbeiführen; Eigeninteresse versus Fairness, Spieltheorie

If you have an apple and I have an apple and we exchange these apples then you and I will still each have one apple. But if you have an idea and I have an idea and we exchange these ideas, then each of us will have two ideas.

(George Bernhard Shaw)

Geeignet für folgende Situation

Für eine Gruppe, die sich bereits kennt; im Laufe einer Veranstaltung; als Einstieg in das entsprechende Thema: Kooperation, Fairness, Vertrauen, Gerechtigkeit

Ablauf und Abfolge

1. Gruppen aus je 3–4 TN bilden
2. Jeder TN erhält eine bestimmte Rolle. Die Rollen sind wie folgt definiert:

Rolle 1. Obstbauer

Sie besitzen eine große Apfelplantage mit kontrolliert biologischem Anbau. In diesem Jahr haben Sie 100 Tonnen ungespritzte BIO-Äpfel geerntet. Diese wollen Sie zu mindestens 100.000 € verkaufen. Nur dann hat sich der Arbeitsaufwand gelohnt und nur dann ist es sinnvoll, die Plantage fortzusetzen. Wenn Sie etwas mehr erhalten würden, könnten Sie mehr Personal einstellen.

→ Machen Sie das beste Geschäft!

Rolle 2. Einkäufer A

Sie wollen 100 Tonnen ungespritzte Äpfel aus kontrolliert biologischem Anbau kaufen. Aus dem Fruchtfleisch wollen Sie biologischen Apfelsaft produzieren. Weniger Äpfel wären nicht sinnvoll, denn Sie haben eine feste Stammkundschaft. Dabei wollen Sie nicht mehr ausgeben als nötig, die Obergrenze liegt bei 50.000 €. Wenn Sie etwas weniger ausgeben müssten, könnten Sie Geräte erneuern.

→ Machen Sie das beste Geschäft!

Rolle 3. Einkäufer B

Sie wollen 100 Tonnen ungespritzte Äpfel aus kontrolliert biologischem Anbau kaufen. Aus den Schalen wollen Sie BIO-Apfeltee herstellen. Weniger Äpfel wären nicht sinnvoll, denn Sie haben eine feste Stammkundschaft. Dabei wollen Sie nicht mehr ausgeben als nötig, die Obergrenze liegt bei 50.000 €. Wenn Sie etwas weniger ausgeben müssten, könnten Sie Sonderaktionen durchführen und ihr Produkt bekannter machen.

→ Machen Sie das beste Geschäft!

Rolle 4. Einkäufer C

Sie wollen 30 Tonnen ungespritzte Äpfel aus kontrolliert biologischem Anbau kaufen. Aus den Kernen wollen Sie Naturkosmetik herstellen. Weniger Äpfel wären nicht sinnvoll, denn Sie haben eine wachsende Stammkundschaft. Dabei wollen Sie nicht mehr ausgeben als nötig, die Obergrenze beträgt 30.000 €. Wenn Sie für diesen Betrag mehr Äpfel ergattern könnten: umso besser! Die Nachfrage für Naturkosmetik boomt!
→ Machen Sie das beste Geschäft!

3. Die Rollen 1–3 bilden jeweils eine Gruppe, die miteinander verhandelt und während einer Runde zusammenbleibt.
4. Rolle 4 (Einkäufer C) kann sich frei bewegen und eine Gruppe aussuchen, mit der sie verhandelt.
5. Wie die Verhandlung abläuft, kann jede Gruppe selbst bestimmen (Reihenfolge, Kombinationen ...). Der zeitliche Rahmen beträgt ca. 15 Min. Das Ergebnis wird von der jeweiligen Gruppe dokumentiert (DIN A3 Papier, Flipchart-Papier, Kommunikationskarten).
6. Am Ende die Ergebnisse für alle sichtbar aufhängen (Tafel, Pinwand, Projektor ...)
7. Jede Gruppe erläutert ihr Ergebnis und wie der Prozess jeweils abgelaufen ist.
8. Die Ergebnisse miteinander vergleichen. Wenn sich noch eine andere Variante anschließt, diese mit der vorherigen vergleichen.
9. Anschließend Reflexion

Was zu beachten ist
- Die jeweiligen Rollentexte *verdeckt* austeilen, so dass andere TN sie nicht lesen können
- Anfangs ohne weitere Hinweise oder Tipps verhandeln lassen
- Rolle 1 (Obstbauer): Kann aus der Verhandlung auch aussteigen, wenn er unzufrieden ist. Die Nachfrage ist groß.
- Rolle 4 (Einkäufer C): Ist ein „Joker"; kann ein Ergebnis herbeiführen, das die Erwartungen übertrifft. Diese Rolle mit TN besetzen, die überzählig sind (einzelne oder mehrere)
- Die Gruppen räumlich so positionieren, dass sie jeweils ungestört sind und nicht mitbekommen, wie sich die anderen Gruppen verhalten

- Die verschiedenen Ergebnisse erst am Schluss aushängen
- Ergebnisse am Ende übersichtlich darstellen und vergleichen: Einzelne Runden, Varianten. Dafür eine Tabelle vorbereiten (Tafel, Pinwand, Projektor ...).
- Mögliche Kategorien:
  Wer hat was erreicht? Wer hat was gewonnen? Wer hat was verloren? Welche Gruppe steht insgesamt am besten da? Wie sieht die Beziehung aus? Wie sehr möchte man den Kontakt aufrecht erhalten, im nächsten Jahr wieder kommen, den anderen weiterempfehlen?

Varianten

A. Rolle 4 ist notfalls entbehrlich
B. Die einzelnen Gruppen (X, Y, Z) dürfen miteinander kommunizieren, d. h. miteinander Informationen austauschen.
C. Die einzelnen TN dürfen die Gruppe wechseln. Beispiel: Rolle 2 aus Gruppe X geht in Gruppe Y; Rolle 2 aus Gruppe Y geht dafür in Gruppe X
D. Nach Abschluss *überraschend und unerwartet* eine zweite Runde ankündigen:
   „Ein Jahr später. Sie befinden sich in der gleichen Situation wie letztes Jahr." Jeder TN erhält wieder die gleiche Rolle in der gleichen Gruppe
E. Wie D, zusätzlich darf sich jeder TN seine Verhandlungspartner selbst aussuchen, d. h. möglicherweise die Gruppe wechseln

Dauer

- Flexibel, abhängig von der Anzahl der TN und der Varianten
- Mind. 15–20 Min. & zusätzlich Reflexion

Raum
- Größere freie Fläche
- Stolperfallen entfernen (Taschen, Flaschen ...)
- Jede Gruppe hat einen eigenen Raumbereich: Separate Raumecke oder eigenen Raum
- In jedem Raumbereich steht eine Tischgruppe: Einzeltische zusammenstellen, bei Bedarf Trennwände
- Visualisierungsfläche (Tafel, Pinwand, Whiteboard, Metallschiene ...) mit Schreibmaterial und Befestigungselementen

Vorbereitung
- ✓ Rollentexte vorbereiten und jeweils separat ausdrucken (Postkartengröße)
- ✓ Große Übersichtstabelle für die Ergebnisse vorbereiten (Tafel, Pinwand ...):
  - Objektiv: Zahlen, Menge, Ausgaben, Einnahmen
  - Subjektiv: Zufriedenheit, Perspektive
- ✓ Raum richten
- ✓ Anleitung visualisieren (Tafel, Pinwand, Projektor ...)

TN-Zahl, Gruppierung
- Ideal: 8–16 (2–4 Gruppen), weitere TN als Beobachter
- Kleingruppen

Tempo, Stimmung
Ruhig, konzentriert, möglicherweise zunehmend lebhaft

Vorteil, Stärke, Chancen

- Neue Sicht auf Verhandeln
- Konflikte lösen, kommunizieren, kooperieren
- Über den eigenen Tellerrand hinausblicken, über den eigenen Schatten springen
- Genau hinhören, zuhören
- Fragen stellen
- Sich in andere hineinversetzen, sich einfühlen
- Sich für die Interessen der anderen Parteien interessieren
- Konstruktiver Umgang mit Konflikten oder Problemen
- Humor, über sich selbst lachen können
- Gelassen bleiben
- Langfristig statt kurzfristig denken
- Aus dem Ich entsteht ein Wir, gemeinsam ist man stärker als allein
- In kurzer Zeit anschauliche Bei-Spiele erhalten und diese später grundsätzlich reflektieren

Nachteil, Schwäche, Risiko

- Es können Konflikte entstehen
- Fehlendes Erfolgserlebnis, wenn TN „Einzelkämpfer" bleiben

Hinweise, Tipps

Beobachter können mit darauf achten, dass die Spielregeln einge-halten werden und sich Notizen machen, die sie in die Reflexion einbringen (s. Impulse zur Reflexion). Falls sinnvoll, entsprechendes Formular zum Ausfüllen vorbereiten.

Raum mit Apfelmotiven schmücken (Äpfel, Apfelkorb), Rollen-texte mit Apfelmotiven schmücken oder auf entsprechende Postkar-ten kleben

Typischer Ablauf: Die Einkäufer (Rolle 2–4) sehen sich als Rivalen und meinen, miteinander konkurrieren zu müssen. Sie sprechen je-weils separat mit dem Ostbauern. Die Interaktion ist also unilateral.

Der Clou: Erst wenn die einzelnen Einkäufer miteinander kommuni-zieren, kann eine *Win-win*-Situation entstehen. Es geht darum, sich multilateral auszutauschen, sich für die Interessen der anderen Parteien zu interessieren und diese anzuhören. So kann man kreati-ve Lösungen suchen. Da jede Rolle unterschiedliche Interessen hat, kann jeder maximal gewinnen, ohne etwas zu verlieren: Rolle 2

braucht das Fruchtfleisch, Rolle 3 die Schalen und Rolle 4 die Kerne. So kann jeder dem anderen den Teil überlassen, den er selbst nicht braucht.

Die ideale Lösung: Rolle 2 kauft die eine Hälfte der Äpfel, Rolle 3 kauft die andere Hälfte. Beide schließen sich anschließend zusammen: Jeder gibt dem anderen den Teil ab, den er selbst nicht braucht. Rolle 4 gibt jeweils einen Teil seines Budgets ab (an Rollen 2 und 3, möglicherweise auch an 1), und bekommt anschließend die Kerne von *allen* Äpfeln. Auf diese Weise hat jeder gewonnen, und keiner verloren.

Falls Konflikte entstehen, diese in der Reflexion entschärfen: *Was lässt sich daraus lernen?*

Die verschiedenen Ergebnisse zunächst von den TN selbst präsentieren und erläutern lassen. Jede Gruppe trägt die Ergebnisse in die vorbereitete Tabelle ein: objektive Ergebnisse, Zahlen; subjektive Ergebnisse: Zufriedenheit, Perspektive.

Die Spannung möglichst lange aufrechterhalten. Erst am Ende die ideale Lösung aufdecken (s. o.).

Impulse zur Reflexion
Die TN zunächst nach ihrem Befinden und nach ihren Erfahrungen fragen
Mögliche Fragen: s. Kap. A.1

Den wissenschaftlichen Hintergrund einbringen (s. Literatur)

Spezielle Schlüsselfrage, unvorbereitet stellen:
Ein Jahr später: Würden Sie diese Geschäftsbeziehung aufrecht erhalten? Würden Sie mit diesem Geschäftspartner wieder in Verhandlung treten? Würden Sie ihn weiter empfehlen?
Nach einer zweiten Runde
- Wie ist es Euch ergangen, als eine zweite Runde angekündigt wurde?
- Wie hat sich die erste Runde auf die zweite ausgewirkt?
- Wie ist die zweite Runde gelaufen?
- Was war bei der zweiten Runde anders als bei der ersten?

Impulse zum Transfer

– Wann, wo kommen ähnliche Situationen oder Verhaltensmuster vor?
– Welche Erfahrungen lassen sich daraus in den Alltag übertragen?
– Was lässt sich daraus lernen?

Mögliche Antworten:

Verbrannte Erde hinterlassen; kurzfristige Siege sind Pyrrhus-Siege; Preiskampf, „Geiz ist geil", Gier, jdn. über den Tisch ziehen. Gemeinsam sind wir stark; nachhaltig wirtschaften, langfristig denken; dauerhafte Kooperation setzt Vertrauen voraus; der Wert von Beziehungen, Beziehungsqualität als hohes Gut, sich in den anderen hineindenken, die Lage des anderen verstehen, sich Freunde machen, Fairness, „Gerechtigkeit schafft Frieden"

Literatur

Hintergrund: s. Teil I (Kap. 4.5) und Anhang (A.2.1)
Fisher R. et al., 2015
Rachow A. (Hg.) 2002: 145f (Die Orangenplantage)

S.9   Fair Play 2: Gefangenendilemma

Thema: Kooperation

Worum es geht: sich anhand einer Matrix jeweils separat entscheiden, wie man sich verhält

Worauf es zielt: Kooperation und Vertrauen, Eigeninteresse versus Fairness, Spieltheorie

Geeignet für folgende Situation

Für eine Gruppe, die sich bereits kennt; im Laufe einer Veranstaltung; als Einstieg in das Thema: Kooperation, Fairness, Vertrauen, Gerechtigkeit

Ablauf und Abfolge

1. Paare mit je 2 TN bilden (Losverfahren). Jedes Paar sitzt jeweils an einem kleinen Tisch
2. Das Szenario erklären

Szenario I (nach dem Original)

Sie werden mit Ihrem Kollegen verdächtigt, eine Straftat begangen zu haben. Sie befinden sich als Gefangene in einem getrennten Verhör, haben also keinen Kontakt zueinander. Da keine Beweise vorliegen, erhalten Sie folgendes Angebot (s. Abb. S.9.1):

a. Wenn Sie beide schweigen, d. h. sich gegenseitig nicht beschuldigen („kooperieren"), wird das Verfahren verzögert. Sie werden beide jeweils 3 Jahre in Haft sitzen; danach werden Sie voraussichtlich mangels Beweisen freikommen

b. Wenn Sie sich gegenseitig beschuldigen („nicht kooperieren"), erhalten Sie beide eine hohe Strafe (je 20 Jahre)

c. Wenn Sie Ihren Kollegen belasten („nicht kooperieren") und Ihr Kollege schweigt („kooperiert"), kommen Sie selbst als Kronzeuge frei und Ihr Kollege erhält eine lebenslängliche Haftstrafe

d. Das gleiche gilt umgekehrt: Wenn Sie schweigen, und Ihr Kollege Sie belastet, kommt er frei und Sie bekommen lebenslänglich

3. Es handelt sich um ein getrenntes Verhör. Jeder entscheidet für sich allein, ohne dass er die Entscheidung des anderen kennt

			Spieler A	
			Kooperation	
			ja ☺	nein ☹
Spieler B	Kooperation	ja ☺	A: 3 Jahre B: 3 Jahre	A: frei ⚡ B: lebenslänglich
		nein ☹	A: lebenslänglich B: frei ⚡	A: 20 Jahre B: 20 Jahre

Abb. S.9.1: Auszahlungsmatrix I: Zwei Gefangene werden angeklagt und unabhängig voneinander befragt. Jeder kann schweigen (kooperieren, JA) oder den Anderen beschuldigen (nicht kooperieren, NEIN). Jede Entscheidung wirkt sich auf die drohende Haftstrafe aus. Für jeden Spieler gibt es eine *Versuchung*: Auf *Kosten des Anderen nicht* kooperieren, um den *eigenen* Nutzen zu maximieren (s. ⚡)

Was zu beachten ist

– Beide Spieler jeweils so positionieren, dass kein Austausch möglich ist: In zwei Räumen oder Raumecken; alternativ Rücken an Rücken

– Nach jeder Runde die jeweiligen Einzelergebnisse addieren. Diese Summen auflisten und am Ende miteinander vergleichen.

– Ergebnisse am Ende übersichtlich darstellen und vergleichen: Einzelne Runden, Varianten. Dafür eine Tabelle vorbereiten (Tafel, Pinwand, Projektor ...)

Varianten

A. Szenario II: Sie können sich gemeinsam einen kleinen Nebenverdienst erwerben (s. Abb. S.9.2):
   a. Wenn Sie beide kooperieren, erhält jeder von Ihnen 20 €
   b. Wenn Sie beide nicht kooperieren, erhält jeder von Ihnen
      nur 10 €
   c. Wenn nur einer von Ihnen nicht kooperiert, erhält dieser am
      meisten Geld (30 €), während der andere (Kooperierende)
      leer ausgeht (0 €)

		Spieler A	
		Kooperation	
		ja ☺	nein ☹
Spieler B — Kooperation	ja ☺	A: 2 € B: 2 €	A: 3 € ⚡ B: 0 €
	nein ☹	A: 0 € ⚡ B: 3 €	A: 1 € B: 1 €

Abb. S.9.2: Auszahlungsmatrix II: Wenn beide Spieler kooperieren (JA), ist der
gemeinsame Gewinn am höchsten. Die Versuchung ist, auf Kosten des Anderen
nicht zu kooperieren – dann ist der *eigene* Gewinn am höchsten. (s. ⚡)

B. Es gibt nur eine Runde. Danach sehen sich die Spieler nicht
   wieder
C. Es gibt eine oder mehrere weitere Runden (bis zu 10). Die Spieler
   sind also erneut aufeinander angewiesen. Wie sie sich dann
   verhalten, wird auch von den vergangenen Episoden abhängen
D. Die Spieler sind anonym, kennen sich also nicht
E. Die Spieler haben sich vorher kurz kennen gelernt
F. Die Spieler können sich sehen, dürfen jedoch nicht miteinander
   sprechen (Blickkontakt von der Ferne)

G. Die Rollen werden auf Gruppen verteilt: Gruppe A und Gruppe B (je 3–4 TN). Die jeweilige Gruppe soll sich nach einer kurzen Diskussion entscheiden.

H. Jede Gruppe erhält einen Gruppensprecher. Diese können als Botschafter miteinander sprechen und die jeweilige Entscheidung übermitteln.

I. „Gewinnt so viel Ihr könnt!"

   1. Es werden 4 Paare gebildet, die miteinander spielen

   2. Es werden 10 Runden gespielt. Jede Runde dauert 1 Minute, in dieser Zeit muss sich jedes Paar entscheiden. Jede Entscheidung hat eine bestimmte finanzielle Folge (s. Tab. S.9.1)

   3. Wichtige Regeln: Ziel ist ein maximaler Gewinn. Jedes Paar darf nur mit dem jeweiligen Partner sprechen. Es gibt keinen Austausch mit den anderen Paaren, auch nicht nonverbal. Jedes Paar muss sich vor einer Entscheidung einigen. Diese Entscheidung wird geheim getroffen und jeweils auf eine Tabelle übertragen (Beispiele s. Tab. S.9.2). Erst danach wird sie offiziell allen bekannt gegeben.

   4. Einige Runden sind *Bonusrunden:* Das jeweilige Ergebnis wird vervielfacht. Dies gilt für beide Richtungen, d. h. für den Gewinn wie für den Verlust. Dies geschieht unerwartet, wird also erst rückwirkend bekannt gemacht:
       Runde 5: × 3
       Runde 8: × 5
       Runde 10: × 10

   5. Nach jeder Runde werden die Zwischenergebnisse für jedes Paar notiert und visualisiert.

   6. Erst ganz zum Schluss wird der *„Clou"* verraten:
       Es wird die *Gesamtsumme aller* Paare gebildet. Alle Gewinne werden also addiert und in einem großen Topf gesammelt. Entscheidend ist der Gesamtgewinn. Dieser beträgt im Idealfall 1000 €. Dieses Maximum wird dann erreicht, wenn sich alle Paare konstant für Ja entscheiden („Kooperationsmodell 4 × Ja").

Tab. S.9.1: *„Gewinnt so viel Ihr könnt!"*: 4 Paare, jedes kann einzeln wählen. Auszahlungsmatrix, je nach Entscheidung. Der Betrag bezieht sich auf jedes Paar. Nein, nicht kooperieren: gestehen, den anderen verraten. Ja, kooperieren: schweigen, den anderen schützen

Variante	Entscheidung der Paare		Konsequenz je Paar	
			+ gewinnt	- verliert
	Nein ☹	Ja ☺	je Nein ☹	je Ja ☺
1.	4		– 10 €	
2.	3	1	+ 10 €	– 30 €
3.	2	2	+ 20 €	– 20 €
4.	1	3	+ 30 €	– 10 €
5.		4		+ 10 €

I B. (Variante zu I)
Die Bonusrunden vorher bekanntmachen. Sie dauern länger (3 Minuten), in denen sich die Paare miteinander austauschen, d. h. als Gruppe miteinander sprechen dürfen. Danach geht es normal weiter (in Paaren, je 1 Minute).

I C. Die Rollen werden auf 4 Gruppen verteilt (je 3–5 TN). Die jeweilige Gruppe darf sich nach einer kurzen Diskussion entscheiden.

I D. Jede Gruppe wählt einen Gruppensprecher. Diese können als Botschafter miteinander sprechen und die jeweilige Entscheidung übermitteln.

Tab. S.9.2: *„Gewinnt so viel Ihr könnt!"* Tabelle pro Paar. Variante mit Bonusrunden. Runde 5*: zählt 3-fach, Runde 8**: zählt 5-fach, Runde 10***: zählt 10-fach

Runde	Minuten	Beratung mit	Entscheidung	+ €	– €	Summe
1	2	Partner				
2	1	Partner				
3	1	Partner				
4	1	Partner				
5*	3	Gruppe				× 3
	1	Partner				
6	1	Partner				
7	1	Partner				
8**	3	Gruppe				× 5
	1	Partner				
9	1	Partner				
10***	3	Gruppe				× 10
	1	Partner				

Dauer
- Flexibel, abhängig von der Anzahl der TN, Spielrunden und Varianten
- Mind. 15 Min. & Reflexion

Raum
- Locker verteilte kleine Tische: In Raumecken, mit Trennwänden oder in separaten Räumen
- Sind die beiden Rollen jeweils auf eine Gruppe verteilt (s. Varianten), diese in zwei separaten Räumen trennen
- Visualisierungsfläche (Tafel, Pinwand, Whiteboard, Metallschiene ...) mit Schreibmaterial und Befestigungselementen

Vorbereitung

✓ Große Tabellen vorbereiten (Tafel, Pinwand, Projektor ...)
   1. Übersicht für die Ergebnisse
   2. Matrix (Auszahlung) mit den entsprechenden Feldern und Ziffern visualisieren
✓ Formulare, Schreibmaterial, um die Ergebnisse zu dokumentieren und zu vergleichen
✓ Raum richten
✓ Anleitung visualisieren (Tafel, Pinwand, Projektor ...)

TN-Zahl, Gruppierung

– 10–15
– Kleingruppen je 2–3 Personen: 2 Gefangene, 1 Ankläger

Tempo, Stimmung

Konzentriert, angespannt, ruhig

Vorteil, Stärke, Chancen

– Umgang mit einem Dilemma (sozial, moralisch)
– Vorteil der Kooperation
– Vorteil, langfristig (versus kurzfristig) zu denken
– In kurzer Zeit anschauliche Bei-Spiele erhalten und diese später grundsätzlich reflektieren

Nachteil, Schwäche, Risiko

– Es können Konflikte entstehen
– Fehlendes Erfolgserlebnis, wenn TN „Einzelkämpfer" bleiben

Hinweise, Tipps

Es kann auch *einen* Ankläger für alle Gruppen geben

Überzählige TN als Beobachter einsetzen, die mit darauf achten, dass die Spielregeln eingehalten werden und sich Notizen machen, die sie in die Reflexion einbringen (s. Impulse zur Reflexion). Falls sinnvoll, entsprechendes Formular zum Ausfüllen vorbereiten.

Weitere Runden und Rollenwechsel überraschend und unerwartet ankündigen!

Das erste Szenario (Gefangene, Verhör) ist die Originalversion. Die Zahlen wurden hier jedoch etwas zugespitzt.

Variante A (Nebenverdienst) ist etwas realitätsnäher. Dabei geht es nicht um negative Konsequenzen (Strafe), sondern um positive Anreize (Geld verdienen).

Die verschiedenen Ergebnisse zunächst von den TN oder Teams präsentieren und erläutern lassen.

Impulse zur Reflexion

Die TN zunächst nach ihrem Befinden und nach ihrer Erfahrung fragen. Mögliche Fragen: s. Kap. A.1
Den wissenschaftlichen Hintergrund einbringen (s. Literatur)

Schlüsselfrage für Variante „*Gewinnt so hoch Ihr könnt*"!
- Wie wurde das Wort „Ihr" gedeutet: Als Paar oder als Gruppe?
- Wie hoch war der Gewinn bezogen auf das mögliche Maximum?
- Den wissenschaftlichen Hintergrund einbringen (s. Literatur)
- Welchen Einfluss hatten die verschiedenen Runden und Varianten?
- Welche Folgen haben die jeweiligen Entscheidungen auf die Beziehung, die Beziehungsqualität?

Impulse zum Transfer
– Wann, wo kommen ähnliche Situationen oder Verhaltensmuster vor?
– Welche Erfahrungen lassen sich in den Alltag übertragen?
– Was lässt sich daraus lernen?

Mögliche Antworten:
Vertrauen, Misstrauen, kurzfristiges versus langfristiges Denken, Flurschaden, verbrannte Erde hinterlassen, Wettrüsten; Kooperation versus Konkurrenz, dauerhafte Kooperation setzt Vertrauen voraus; der Wert von Beziehungen, Beziehungsqualität als hohes Gut, sich in die Lage des anderen versetzen, ausgenutzt werden, sich Freunde machen, Entscheidungsprozesse, das Ganze sehen; *was Du nicht willst, das man Dir tu, das füg' auch keinem andern zu! (Goldene Regel, Tob 4,16; Mt 7,12; Luk 6,31)*

Literatur
Hintergrund: s. Teil I (Kap. 4.5) und Anhang (A.2.2)

Ergänzend:
Antons K. 1975: 127 (Prisoner's dilemma)
Kirsten RE & Müller-Schwarz J. 2008: 74f (Gefangenen-Dilemma), 89f (Gewinnt so viel Ihr könnt!)
Pfeiffer JW. & Jones JE. 1974, Bd. 1: 56f (Das Dilemma der Gefangenen), 60f (Gewinnt so hoch Ihr könnt!)

S.10   Fair Play 3: Ultimatum-Spiel

Thema: Kooperation
Worum es geht: einen Geldbetrag aufteilen; der Empfänger darf das Angebot annehmen oder ablehnen
Worauf es zielt: Kooperation und Vertrauen, Eigeninteresse versus Fairness, Spieltheorie

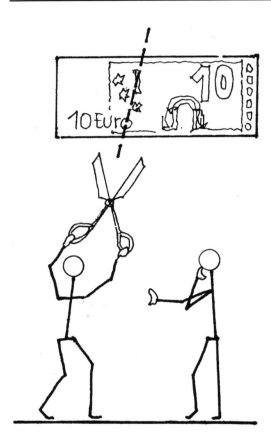

Geeignet für folgende Situation

Für eine Gruppe, die sich bereits kennt; im Laufe einer Veranstaltung; als Einstieg in das entsprechende Thema: Kooperation, Fairness, Vertrauen, Gerechtigkeit

Ablauf und Abfolge

1. Paare mit je 2 TN bilden (Losverfahren)
2. Spieler A erhält einen bestimmten Betrag (z. B. 10 €), den er mit Spieler B teilen soll.
3. A (Spender) entscheidet sich für eine Aufteilung, die er dem anderen (B) mitteilt, z. B. *8 für mich, 2 für Dich*
4. B (Empfänger) kann wählen:
   entweder
   – Ja (ich nehme an)
   oder
   – Nein (ich lehne ab)
5. a. Falls B annimmt (JA), erhalten *beide* den entsprechenden Betrag
   b. Falls B ablehnt (NEIN), bekommt *niemand* etwas. Beide gehen leer aus und der Betrag wird vom Spielleiter wieder eingezogen.

Was zu beachten ist

– Beide Spieler (Gruppen) getrennt positionieren, um einen Austausch zu verhindern: In zwei Raumecken oder Räumen, alternativ Rücken an Rücken
– Ergebnisse am Ende übersichtlich darstellen und vergleichen: Einzelne Runden, Varianten. Dafür eine Tabelle vorbereiten (Tafel, Pinnwand, Projektor …)

Varianten

A. Es gibt nur eine Runde. Danach sehen sich die Spieler nicht wieder
B. Es gibt eine oder mehrere weitere Runden. Die Spieler sind also erneut aufeinander angewiesen. Wie sie sich dann verhalten, wird auch von den vorherigen Episoden abhängen
C. Die Spieler sind anonym, kennen sich also nicht
D. Die Spieler haben sich vorher kurz kennen gelernt

E. Die Spieler können sich sehen, dürfen jedoch nicht miteinander sprechen (Blickkontakt von der Ferne)

F. Rollenwechsel vornehmen: Rollen A und B tauschen

G. Es gibt viele Empfänger, d. h. ein TN A sitzt vor einer Gruppe (B). Jeder Empfänger entscheidet für sich allein. Auf diese Weise entsteht ein kleines Experiment: Wie viele nehmen einen bestimmten Betrag an, wie viele lehnen ab?

H. Es gibt mehrere Spender: Rolle A besteht aus einer kleinen Gruppe (2–3 TN), die sich vorher abstimmt

I. *Diktatorspiel:* Der Empfänger (B) hat kein Vetorecht, muss also jedes Angebot akzeptieren. Experiment: Wie verhalten sich die Spender (A)? Nutzen sie die Situation aus? Wie fair verhalten sie sich?

J. Jede Gruppe erhält einen Beobachter

Dauer
- Flexibel, abhängig von der Anzahl der TN, Spielrunden und Varianten
- Mind. 15 Min. & Reflexion

Raum
- Locker verteilte Tische für je 2 Personen. Alternativ: Stuhlgruppen
- Ist eine Rolle auf eine Gruppe verteilt, Tische und Stühle entsprechend anordnen (s. Varianten)
- Visualisierungsfläche (Tafel, Pinwand, Whiteboard, Metallschiene …) mit Schreibmaterial und Befestigungselementen

Vorbereitung
- ✓ Geldschein (10 €), alternativ Spielgeld
- ✓ Schreibmaterial, um die Ergebnisse zu dokumentieren und zu vergleichen
- ✓ Große Tabelle vorbereiten (Tafel, Pinwand, Projektor …)
- ✓ Raum richten
- ✓ Anleitung visualisieren (Tafel, Pinwand, Projektor …)

TN-Zahl, Gruppierung

- 12–16
- Kleingruppen je 4 TN

Tempo, Stimmung

Angespannt, eher ruhig

Vorteil, Stärke, Chancen

- Umgang mit einem Dilemma (sozial, moralisch)
- Vorteil der Kooperation
- Lernen zu teilen
- Lernen zu verzichten
- Vorteil, langfristig zu denken (versus kurzfristig)
- In kurzer Zeit anschauliche Bei-Spiele erhalten und diese später grundsätzlich reflektieren

Nachteil, Schwäche, Risiko

- Es können Konflikte entstehen
- Fehlendes Erfolgserlebnis, wenn TN „Einzelkämpfer" bleiben
- Frustration, sich ausgenutzt fühlen

Hinweise, Tipps

Überzählige TN als Beobachter einsetzen, die mit darauf achten, dass die Spielregeln eingehalten werden und sich Notizen machen, die sie in die Reflexion einbringen (s. Impulse zur Reflexion). Falls sinnvoll, entsprechendes Formular zum Ausfüllen vorbereiten.

Weitere Runden oder Rollenwechsel überraschend und unerwartet ankündigen!

Die Ergebnisse grafisch darstellen und miteinander vergleichen. Wo liegt der Wendepunkt oder die „Schmerzgrenze"? Ab wann wird ein Angebot angenommen oder abgelehnt? Mit der wissenschaftlichen Studie vergleichen (s. Literatur).

Die verschiedenen Ergebnisse zunächst von den TN präsentieren und erläutern lassen.

Impulse zur Reflexion

Die TN zunächst nach ihrem Befinden und nach ihrer Erfahrung fragen.
Mögliche Fragen: s. Kap. A.1
Den wissenschaftlichen Hintergrund einbringen (s. Literatur)

Impulse zum Transfer

- Wann, wo kommen ähnliche Situation oder Verhaltensmuster vor?
- Welche Erfahrungen lassen sich in den Alltag übertragen?
- Was lässt sich daraus lernen?

Mögliche Antworten:
Arbeitgeber-Arbeitnehmer, Gehaltsverhandlung, Fairness, Gerechtigkeit, Motivation, Homo oeconomicus versus „emotionales" Verhalten; soziale Balance, verhandeln, verkaufen, Situationen in einer WG, Assessment-Center; der Kapitän verlässt als Letzter das Schiff, Ansehen, Image, Respekt; Großzügigkeit, Zeit statt Geld; Salomonisches Urteil: Kind teilen? (1 Kön 3, 16–28)

Literatur

s. Teil (Kap. 4.5) und Anhang (A.2.3)

S.11 Fair Play 4: Gemeinschaftliche Investition (Common Good)

Thema: Kooperation
Worum es geht: in einen „gemeinsamen Topf" investieren
Worauf es zielt: Kooperation und Vertrauen, Eigeninteresse versus Fairness, Spieltheorie

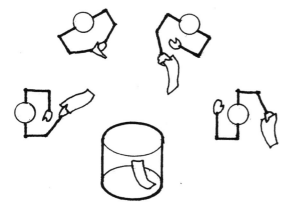

Geeignet für folgende Situation

Für eine Gruppe, die sich bereits kennt; im Laufe einer Veranstaltung; als Einstieg in das entsprechende Thema: Kooperation, Fairness, Vertrauen, Gerechtigkeit

1,2,3, →

Ablauf und Abfolge

4 Spieler bilden jeweils ein Team, das ein Projekt verfolgt. Im Zentrum steht ein „gemeinsamer Topf" (Bank)

1. Jeder Spieler erhält 20 € Startkapital, über das er frei verfügen kann: Er kann das Geld für sich behalten oder in den Topf investieren

2. Jeder €, der in dem „Topf" landet und „gespendet" wurde, wird mit einem Bonus von je 0,40 € belohnt (Zinsen). Diesen Bonus erhält jeder Spieler in gleicher Höhe, unabhängig von dessen Einsatz. Es wird also nicht gefragt, wer wieviel Geld investiert hatte

3. Jeder Spieler bleibt anonym und weiß nichts vom anderen. Er entscheidet für sich allein und erfährt lediglich das Ergebnis, d. h. die Summe, die im Topf gelandet ist und die Höhe der Rückerstattung. Dieses Ergebnis hat er zu akzeptieren

4. Es darf nicht gesprochen werden

5. Es werden insgesamt 6 Runden pro Gruppe gespielt

6. Jeder TN arbeitet mit dem neuen Betrag, den er zuvor zurückerhalten hat

---

Beispiel 1

Alle Spieler (1–4) investieren ihr Geld: Im Topf liegen 4 × 20 = 80 €. Diese Summe wird mit 0,40 multipliziert: 80 × 0,40 = 32 €. Jeder Spieler erhält 32 € rückerstattet, d. h. jeder Spieler hat dazu gewonnen.

Beispiel 2

Einige Spieler (1–3) investieren, ein Spieler (4) behält sein Geld. Im Topf liegen also 3 × 20 = 60 €, die mit 0,40 multipliziert werden: 60 × 0,40 = 24 €. Jeder Spieler erhält 24 €, also auch derjenige Spieler (4), der nicht investiert hat. Spieler 1–3 haben einen kleinen Gewinn gemacht (4 €), Spieler 4 einen deutlich größeren (24 €), zusätzlich zu dem nicht investierten Betrag, den er einbehalten hat (20 + 24 = 44 €).

Was zu beachten ist

- Spielergruppe so positionieren, dass kein Austausch möglich ist: z. B. Rücken an Rücken oder in verschiedenen Raumecken
- Ergebnisse am Ende übersichtlich darstellen und vergleichen: Einzelne Runden, Varianten. Dafür eine Tabelle vorbereiten (Tafel, Pinwand, Projektor ...)

Varianten

A. Es darf nicht gesprochen werden, doch die Spieler kennen sich: Diese sind nicht mehr anonym, sondern namentlich bekannt. Nach jeder Runde wird verkündet, wie sich jeder verhalten hat. Man selbst erfährt, was die Anderen investiert haben, und die anderen wissen, was man selbst investiert hat (laut vorlesen!)
B. Zusätzlich zu A erhält jeder die Möglichkeit, nicht-investierende „Trittbrettfahrer" zu bestrafen:
Jeder Spieler kann nach jeder Runde Strafpunkte von 0–10 vergeben. Jeder Strafpunkt, den man vergibt, kostet einen selbst 1 €. Jeder Strafpunkt, den man selbst erhält, kostet einen 3 €

Im Fall von Beispiel 2 (s. o.)
Spieler 1–3 könnten nun z. B. jeweils ihren Gewinn einsetzen (je 4 €) und damit je 4 Strafpunkte an Spieler 4 zu teilen. Dieser erhält nun 3 x 4 (12) Strafpunkte und damit einen Verlust von 12 × 3 € = −36 €, so dass er nur noch 8 € besitzt. Spieler 1–3 haben je 4 € verloren und besitzen jeweils noch ihr Startkapital (20 €). Ausschüttung danach: 3 × 20 €+ 1 × 8 € = 68 €; × 0,4 = 17 € je TN

C. Nach jedem Spiel wechseln die Spieler. Die neue Runde beginnt also wieder von vorn, mit einer neuen Zusammensetzung. Die Spieler können sich also keinen Ruf aufbauen, da jeder nur einmal „im Spiel" ist, d. h. nur einmal mit dem anderen spielt
D. Die Zusammensetzung bleibt gleich: Es folgen mehrere Runden mit den gleichen Spielern, die sich mit ihrem Verhalten einen (guten oder schlechten) Ruf aufbauen
E. Große Gruppen – statt Kleingruppen

Dauer
- Flexibel, abhängig von der Anzahl der TN, Spielrunden und Varianten
- Mind. 30 Min. & Auswertung, Reflexion

Raum
- Getrennte Tischgruppen (kleine Tische zusammenstellen): In Raumecken, mit Trennwänden oder in separaten Räumen. Alternativ: Stuhlgruppen
- Visualisierungsfläche (Tafel, Pinwand, Whiteboard, Metallschiene ...) mit Schreibmaterial und Befestigungselementen

Vorbereitung
- ✓ Spielgeld
- ✓ Schreibmaterial, um die Ergebnisse zu dokumentieren und zu vergleichen
- ✓ Große Tabelle vorbereiten, um eine Übersicht zu erstellen (Tafel, Pinwand, Projektor ...)
- ✓ Raum richten
- ✓ Anleitung visualisieren (Tafel, Pinwand, Projektor ...)

TN-Zahl, Gruppierung
- 10–15
- Kleingruppen je 4 Personen

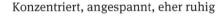

Tempo, Stimmung
Konzentriert, angespannt, eher ruhig

Vorteil, Stärke, Chancen
- Umgang mit einem Dilemma (sozial, moralisch)
- Sinn der Kooperation
- Sinn, langfristig zu denken (versus kurzfristig)
- In kurzer Zeit anschauliche Bei-Spiele erhalten und diese später grundsätzlich reflektieren

Nachteil, Schwäche, Risiko
- Es können Konflikte entstehen
- Fehlendes Erfolgserlebnis, wenn TN „Einzelkämpfer" bleiben
- Frustration

Hinweise, Tipps
Vereinfachte Berechnung: Der Betrag, der im gemeinsamen Topf liegt, wird verzinst (z. B. 40%, 50% oder 60%) und die Gesamtsumme an alle TN in gleichen Teilen ausgeschüttet.

Überzählige TN als Beobachter einsetzen, die mit darauf achten, dass die Spielregeln eingehalten werden und sich Notizen machen, die sie in die Reflexion einbringen (s. Impulse zur Reflexion). Falls sinnvoll, entsprechendes Formular zum Ausfüllen vorbereiten.

Variante B wurde in dem genannten wissenschaftlichen Experiment durchgeführt (s. Kap. A.2.4). Geprüft wurde damit, ob die TN bereit sind, unfaires Verhalten auf eigene Kosten zu bestrafen, ohne selbst etwas davon zu haben *(altruistic punishment)*.

Die verschiedenen Ergebnisse zunächst von den TN oder Teams präsentieren und erläutern lassen.

Impulse zur Reflexion
Die TN zunächst nach ihrem Befinden und nach ihrer Erfahrung fragen.
Mögliche Fragen: s. Kap. A.1
Den wissenschaftlichen Hintergrund einbringen (s. Literatur)

Impulse zum Transfer
- Wann, wo kommen ähnliche Situationen oder Verhaltensmuster vor?
- Welche Erfahrungen lassen sich in den Alltag übertragen?
- Was lässt sich daraus lernen?

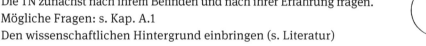

Mögliche Antworten:
Gemeinsame Nutzung: Wasserverbrauch im Mehrfamilienhaus, Situationen in einer WG (Kühlschrank ...); Gemeinschaftsaufgaben: Kaffeekasse, Putzplan, Hausarbeit; Schwarzfahren, Umgang mit Steuergeldern; Umgang mit der Natur und Natürlichen Ressourcen: Fischfang, ökologischer Raubbau, Klimaschutz; Gruppenarbeit, Teamarbeit, Risiko: *Toll-Ein-Anderer-Machts;* Projektarbeit, Beno-

tung: Gruppen- oder Einzelnoten; Sozialsysteme; Staatengemein-
schaften (z. B. Europa), Euro-Rettungsschirme; Finanzkrisen; Wirt-
schaftswachstum; Feedback-Systeme

Literatur
Hintergrund: s. Teil (Kap. 4.5) und Anhang (A.2.4)

S.12 Fair Play 5: Versteigerung

Thema: Kooperation

Worum es geht: einen bestimmten Geldbetrag günstig ersteigern. Durch eine besondere Zusatzregel entwickelt die Auktion eine gewisse Dynamik

Worauf es zielt: Auswirkung von Wettbewerb, Wettlauf und Anreizsystemen; Gefahr von impulsivem, irrationalem Verhalten; Spieltheorie

Geeignet für folgende Situation

Als Einstieg in das Thema Kooperation oder Wettbewerb

Für eine Gruppe, die sich bereits kennt; im Laufe einer Veranstaltung

Ablauf und Abfolge

1. In einer Auktion werden 10 € versteigert.
2. Die Bieter sitzen einzeln verteilt im Raum. Der Auktionator steht vorne, zeigt den realen Geldschein und erklärt die Regeln:
    - Die Bieter können diesen Betrag ersteigern, indem sie in 1 €-Schritten bieten (*Ich biete 1 €. Ich biete 2 €, ich biete 3 € …*)

    Es gelten die üblichen Regeln einer offenen (englischen) Auktion:
    - Der Höchstbietende zahlt den eingesetzten Betrag und erhält den Geldschein

    Alle können so lange bieten, bis nur noch ein TN übrig ist
    - Es gibt eine zeitliche Vorgabe (z. B. 30–60 Sekunden), in der man nachdenken kann und die genau eingehalten wird
    - Der Höchstbietende bezahlt seinen gebotenen Betrag und erhält den Schein

    Achtung, es gibt eine Zusatzregel:
    - Derjenige, der den zweithöchsten Betrag geboten hat, muss diesen Betrag ebenfalls bezahlen, ohne dafür etwas zu erhalten!
    - Bieter, die weniger als die beiden höchsten Beträge bieten, müssen nichts zahlen
    - Die Bieter dürfen nicht miteinander sprechen, jeder entscheidet für sich

---

Beispiel:

A bietet 1, B bietet 2, C bietet 3 €

Das Ergebnis: C zahlt 3 € und erhält 10, B muss 2 € zahlen und erhält nichts. A muss nichts bezahlen. B wird nun voraussichtlich weiter bieten (z. B. 5 €), um keinen Verlust zu machen. Daraufhin wird C voraussichtlich höher gehen (z. B. 6 €), um ebenfalls nichts zu verlieren.

Was zu beachten ist

- Als Auktionator zu Beginn einen realen Geldbetrag (Münze, Schein) zeigen und hochhalten
- Die zeitlichen Intervalle genau einhalten und demonstrativ beenden (Holzhammer, Glocke)
- Am Anfang zum Mitmachen motivieren (auf die Vorteile verweisen, einzelne TN ansprechen ...)
- Für gute Stimmung und Tempo sorgen: Herumlaufen, anfeuern, Kommunikation oder Absprachen unter TN verhindern, passive TN ermutigen ...
- Möglicherweise die Schritte erhöhen, in denen man bieten kann (z. B. 20 Cent statt 10 Cent, oder 2 € statt 1 €)
- Jedes Gebot laut und deutlich wiederholen, damit es alle hören und eine gewisse „Dramatik" entsteht
- Immer wieder an die Zusatzregel erinnern: Zwei Bieter werden ihr Gebot auszahlen – der Höchstbietende und der Zweithöchstbietende. Nur der Höchstbietende wird dafür den Geldschein erhalten
- Die Bieter beruhigen, falls Sie nicht genug (Klein-)Geld dabei haben: Es werde notiert und man könne auch später bezahlen
- Am Ende der Auktion das gebotene Geld tatsächlich einkassieren oder die „Beute" überreichen. Dies erst später wieder rückgängig machen (z. B. in der Pause)
- Das Spiel kann sich prinzipiell endlos aufschaukeln. Als Auktionator möglicherweise eine Grenze festlegen (finanziell oder zeitlich), bei der die Auktion endet. Diese Grenze jedoch nicht mitteilen, sondern für sich behalten und entsprechend handeln
- Ergebnisse am Ende übersichtlich darstellen und vergleichen: Einzelne Runden, Varianten. Dafür eine Tabelle vorbereiten (Tafel, Pinwand, Projektor ...)

Varianten

A. 1 € einsetzen (in 10 Cent-Schritten bieten) oder 20 € einsetzen (in 2 €-Schritten bieten)
B. Als Ausgangsbasis 50% festlegen: Die Auktion beginnt also bei 10 € mit 5 €
C. Es bieten jeweils Gruppen (je 3–4 TN), die sich im selben Raum aufhalten und vor dem Gebot absprechen. Die Kommunikation läuft über Gruppensprecher, die das jeweilige Gebot übermitteln

D. Die Gruppen sind separat positioniert (verschiedene Raumecken oder Räume). Die Kommunikation läuft über Boten, die die Gruppen vor Ort aufsuchen
E. Bei größeren Gruppen den Betrag weiter erhöhen (z. B. auf 50 oder 100 €)

Dauer
Flexibel, abhängig von der Anzahl der TN, Spielrunden und Varianten
Mind. 10 Min. & Reflexion

Raum
–   Verteilte Stühle, vorn ein Tisch für den Auktionator
–   Visualisierungsfläche (Tafel, Pinwand, Whiteboard, Metall-schiene ...) mit Schreibmaterial und Befestigungselementen

Vorbereitung
✓   Geldschein (10 €)
✓   Holzhammer oder Glocke
✓   Raum richten
✓   Anleitung visualisieren (Tafel, Pinwand, Projektor ...)

TN-Zahl, Gruppierung
–   Mind. 8 (im Original bis zu 300)
–   Plenum

Tempo, Stimmung
Schnell, lebhaft, aufgeregt, eher lauter

Vorteil, Stärke, Chancen

– Umgang mit einem Dilemma (Habgier, Ehrgeiz versus Verzicht, Rückzug)
– Vorteil der Kooperation
– Vorteil der Reflexion, Gefahr von Spontaneität und Emotionen
– Vorteil, langfristig zu denken (versus kurzfristig)
– In kurzer Zeit anschauliche Bei-Spiele erhalten und diese später grundsätzlich reflektieren

Nachteil, Schwäche, Risiko

– Es können Konflikte entstehen
– Fehlendes Erfolgserlebnis besonders für diejenigen, die miteinander wetteifern und sich gegenseitig aufschaukeln

Hinweise, Tipps

Überzählige TN als Beobachter einsetzen, die mit darauf achten, dass die Spielregeln eingehalten werden und sich Notizen machen, die sie in die Reflexion einbringen (s. Impulse zur Reflexion). Falls sinnvoll, entsprechendes Formular zum Ausfüllen vorbereiten.

Achtung
Es gibt zwei kritische Wendepunkte: die 50% und die 100% Marke. Hier entscheidet sich, ob die Bieter weiter machen oder nicht. Ist die 50% Marke überschritten, beginnt die Gewinnzone des Auktionators (50 Cent + 60 Cent = 1,10 €). Ist die 100% Marke überschritten, beginnt die Verlustzone der Bieter (1,10 € zahlen, um 1 € zu bekommen).

Die Ergebnisse grafisch darstellen. *Ab wann sind Bieter abgesprungen? Wer ist noch dabei? Wie ist der aktuelle Stand?*

Impulse zur Reflexion

Die TN zunächst nach ihrem Befinden und nach ihren Erfahrungen fragen.
Mögliche Fragen: s. Kap. A.1
Den wissenschaftlichen Hintergrund einbringen (s. Literatur)

Impulse zum Transfer
– Wann, wo kommen ähnliche Situationen oder Verhaltensmuster vor?
– Welche Erfahrungen lassen sich in den Alltag übertragen?
– Was lässt sich daraus lernen?

Mögliche Antworten:
Eskalation, Emotionen „gehen mit einem durch", Vorteile von Distanz und Reflexion gegenüber impulsivem Handeln, wie Konflikte entstehen, Vorteile von Kooperation und Absprache, selbstschädigendes Verhalten; wer A sagt muss auch B sagen, das Gesicht nicht verlieren; Vorsicht Falle, Marketingaktionen, Schnäppchenjagd, Börse, mitgefangen-mitgehangen, warten (Zeit!), Finanzkrise, Wettrüsten, Kriege – Invasion, Spielcasino, Glücksspiele, Kredite, „Kaffeefahrt", ebay, Habgier, *„point of no return", „too much invested to quit", zu viel investiert, um auszusteigen*

Literatur
Hintergrund: s. Teil (Kap. 4.5) und Anhang (A.2.5)
Rachow A. (Hg.) 2000: 115 (Auktion)

S.13 Fair Play 6: Panik-Experiment

Thema: Kooperation
Worum es geht: Gegenstand aus einem Gefäß ziehen
Worauf es zielt: Kooperation und Vertrauen, Eigeninteresse versus Fairness, Spieltheorie

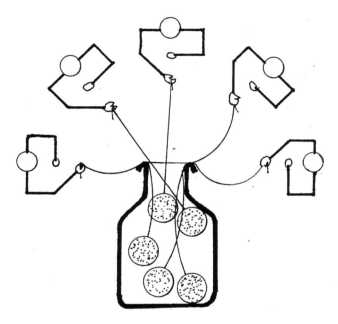

Geeignet für folgende Situation

Für eine Gruppe, die sich bereits kennt; im Laufe einer Veranstaltung; als Einstieg in das entsprechende Thema: Kooperation und Koordination, Fairness, Vertrauen, Gerechtigkeit

1,2,3,→

Ablauf und Abfolge

1. Teams mit je 5 TN bilden
2. In einem Gefäß (z. B. einer Flasche) liegen 5 gleiche Gegenstände (z. B. Kugeln), die jeweils an einem Faden befestigt sind. Durch den Flaschenhals passt nur ein einziger Gegenstand
3. Jeder TN erhält das obere Ende eines Fadens, an dem jeweils unten der Gegenstand hängt
4. Es darf nicht gesprochen werden
5. Den eigenen Gegenstand so schnell wie möglich herausziehen. Wer seinen zuerst draußen hat, erhält den höchsten Gewinn. Die Belohnung richtet sich also nach der Rangfolge (s. Tab. S.13.1)
6. Zeitintervall nennen, in dem die Aufgabe zu lösen ist (z. B. 1 Minute)
7. Startschuss geben. Die TN reagieren sofort

Tab. S.13.1: Belohnung, je nach Erfolg.

Rangfolge	Belohnung	
	€	Cent
1	2	
2	1	
3		50
4		20
5		10

Was zu beachten ist

- Die Zeit messen, bis alle Gegenstände aus der Flasche gezogen sind
- Ergebnisse am Ende übersichtlich darstellen und vergleichen: Einzelne Runden, Varianten. Dafür eine Tabelle vorbereiten (Tafel, Pinwand, Projektor …)

Varianten

A. Es gibt nicht nur Belohnungen (Auszahlungen), sondern auch Strafpunkte, je nach Rangfolge: Nr. 1–3 erhalten Belohnungen (2, 1, 0,5 €), Nr. 4–5 zahlen Strafe (−20, −10 Cent)
B. Vor dem Startschuss eine kurze Bedenkzeit einräumen (z. B. 10 sec.), in der die TN nachdenken können
C. TN dürfen sprechen und sich abstimmen (kurze Bedenkzeit einräumen)
D. Es gibt weder Belohnung noch Strafe. Stattdessen wird die Gruppe gebeten, zu kooperieren und einen möglichst effektiven Ausweg für alle zu finden. Zeitraum großzügiger einräumen (5–10 Minuten)

Dauer

- Flexibel, abhängig von der Anzahl der TN, Spielrunden und Varianten
- Mind. 5 Min. & Reflexion

Raum

- Je Gruppe ein kleiner Tisch; möglicherweise mehrere locker im Raum verteilt
- Visualisierungsfläche (Tafel, Pinwand, Whiteboard, Metallschiene …) mit Schreibmaterial und Befestigungselementen

Vorbereitung

- ✓ Gefäß mit enger Öffnung (z. B. Flasche)
- ✓ Gegenstände, die jeweils einzeln durch die Öffnung passen, z. B. Holzkugeln mit Bohrung jeweils an einem Faden befestigen
- ✓ Spielgeld
- ✓ Raum richten
- ✓ Anleitung visualisieren (Tafel, Pinwand, Projektor ...)

TN-Zahl, Gruppierung

- – 10–15
- – Kleingruppen je 5 TN

Tempo, Stimmung

Schnell, lebhaft, aufgeregt, eher lauter

Vorteil, Stärke, Chancen

- – Umgang mit einem Dilemma (Ehrgeiz versus Verzicht, Ego versus Gemeinschaft)
- – Vorteil der Kooperation
- – Vorteil des rationalen Denkens
- – Vorteil, langfristig zu denken (versus kurzfristig)
- – In kurzer Zeit anschauliche Bei-Spiele erhalten und diese später grundsätzlich reflektieren

Nachteil, Schwäche, Risiko

- – Es können Konflikte entstehen
- – Fehlendes Erfolgserlebnis, wenn TN „Einzelkämpfer" bleiben

Hinweise, Tipps

Überzählige TN als Beobachter einsetzen, die mit darauf achten, dass die Spielregeln eingehalten werden und sich Notizen machen, die sie in die Reflexion einbringen (s. Impulse zur Reflexion). Falls sinnvoll, entsprechendes Formular zum Ausfüllen vorbereiten.

Im *Original* wurden Kegel (cones) aus Aluminium eingesetzt und mit 15–21 TN gespielt.

Im *Original* hatte die Flasche unten seitlich eine zweite Öffnung. Dort war ein Schlauch angeschlossen, durch den Wasser einlaufen konnte. Dadurch war die Aufgabe erschwert: Die Gegenstände durften nicht von unten nass werden.

Die Einheit der Auszahlung (Strafpunkte) sind ursprünglich Cent; alternativ können es Punkte sein.

Die verschiedenen Ergebnisse zunächst von den TN oder Teams präsentieren und erläutern lassen.

Impulse zur Reflexion

Die TN zunächst nach ihrem Befinden und nach ihrer Erfahrung fragen.
Mögliche Fragen: s. Kap. A.1
Den wissenschaftlichen Hintergrund einbringen (s. Literatur)

Impulse zum Transfer

- Wann, wo kommen ähnliche Situationen oder Verhaltensmuster vor?
- Welche Erfahrungen lassen sich in den Alltag übertragen?
- Was lässt sich daraus lernen?

Mögliche Antworten:
Paniksituationen, z. B. Notausgang; U-Bahn, Verkehrsstau, Wettbewerb um eine begehrte Ressource, Schlussverkauf, Schnäppchenjagd, Sonderangebote, Wettlauf zu einem begehrten Ziel („Rat Race"), sich durchboxen, „Ellenbogen" einsetzen, mit dem Kopf durch die Wand, Ego-Gesellschaft, Haifischbecken, Bonussystem, Leistungsanreiz
Alternativ, s. Variante D, *„Blue Ocean Strategie"*: Wo Delfine (statt Haifische) schwimmen, Koordination, Absprache, ohne Druck schneller ans Ziel

Literatur
Hintergrund s. Teil (Kap. 4.5) und Anhang (A.2.6)
Kim CW. 2005

S.14   Hinhören

Thema: Wahrnehmung
Worum es geht: Geräusche erkennen
Worauf es zielt: Ruhe, Konzentration, Präsenz, Aufmerksamkeit, Achtsamkeit

Geeignet für folgende Situation

Zu Beginn oder nach einer Pause; nach einer Arbeitsphase, um zur Ruhe zu kommen; als Einstieg in das entsprechende Thema; zur Paar-oder Gruppenbildung

Ablauf und Abfolge

1. Raum in „hinten" und „vorne" teilen: Pin- oder Stellwand aufstellen
2. Dahinter steht ein Stuhl und mindestens ein Tisch
3. Darauf Dinge ausbreiten, die akustische Geräusche machen
4. TN sitzen vor der Trennwand, ohne etwas dahinter sehen zu können
5. Jeder TN hat Schreibmaterial (Papier, Stift)
6. Mit einem Objekt die dafür typischen Geräusche machen (z. B. Streichholzschachtel schütteln)
7. TN erraten, um welchen Gegenstand es sich handelt: Jeder schreibt für sich auf, welchen er vermutet oder heraushört
8. Auf diese Weise alle Gegenstände der Reihe nach vorstellen
9. Anschließend die Ergebnisse visualisieren (z. B. Tafel)
10. Die TN präsentieren und erläutern ihre jeweilige Entscheidung
11. Erst danach die Lösung aufdecken
12. Möglicherweise Rollenwechsel
13. Anschließend Reflexion

Was zu beachten ist

– Es darf nicht gesprochen werden
– Für Ruhe und Zeit sorgen: ruhige Umgebung wählen, genügend Zeit lassen

Varianten

A. Zwei Teams spielen gegeneinander und vergleichen anschließend die Ergebnisse
B. Jeder TN hat mindestens einen Gegenstand mitgebracht. So ist jeder TN einmal an der Reihe und stellt seinen Gegenstand hinter der Stellwand vor
C. Eine Runde, in der die TN paarweise untereinander sprechen können. Wie wirkt sich dies auf das Ergebnis aus?
D. Zur Paar- oder Gruppenbildung: Jeder TN nimmt sich nach dem Zufallsprinzip ein Filmdöschen. Davon haben jeweils zwei oder mehr jeweils den gleichen Inhalt. Jeder TN schüttelt sein Döschen und produziert dadurch „seinen" Klang. Gleiche Klänge oder Geräusche gehören zusammen: Jeder TN sucht sich akustisch seinen (oder seine) Teampartner

Dauer

– Flexibel, abhängig von der Anzahl der TN, der Gegenstände und der Varianten
– Mind. 10 Min. & Auswertung, Reflexion

Raum

– Innen, ruhige Umgebung
– Größere freie Fläche, Stolperfallen entfernen (Taschen, Flaschen ...)
– Zweiteilung des Raums (Pin- oder Stellwand)
– Vor der Trennwand: Halber Stuhlkreis (möglicherweise mit kleinen Einzeltischen) mit Abstand; hinter der Trennwand: ein Tisch mit Stuhl
– Visualisierungsfläche (Tafel, Pinwand, Whiteboard, Metallschiene ...) mit Schreibmaterial und Befestigungselementen

Vorbereitung

✓ Papier, Stifte für jeden TN
✓ Dinge, die Geräusche machen, z. B.
  – Filmrollendöschen oder kleine Gläser, gefüllt mit verschiedenen Inhalten: Reis, Zucker, Erbsen; Sand, Kieselsteine; Büroklammern, Reißnägel, Pinnadeln, Streichhölzer ...
  – Nahrungsmittel mit entsprechendem Küchengerät: Möhre oder Gurke schälen, Apfel schneiden oder hinein beissen, Nuss knacken, Brot schneiden, Wein- oder Bierflasche öffnen, Wasser umgießen (Flasche – Glas) ...
  – Spielzeug: Ball fallen lassen, Luftballon aufblasen, Plastikauto bewegen ...
  – Sonstiges: Streichholzschachtel schütteln, Zeitung knüllen oder zerreißen, Stoff zerreißen, mit Silberfolie knistern, mit Plastiktüte rascheln, mit Schere Papier schneiden, Nagel mit Zange ziehen; Schraube mit Schraubenzieher drehen, Boden mit Besen kehren, Zähne mit Zahnbürste putzen ...
✓ Raum richten
✓ Anleitung visualisieren (Tafel, Pinwand, Projektor ...)

TN-Zahl, Gruppierung
– Ideal: 10–15
– Plenum

Tempo, Stimmung
Leise, langsam, ruhig, konzentriert; heiter

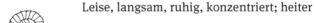

Vorteil, Stärke, Chancen

– Zur Ruhe kommen, sich konzentrieren
– Wahrnehmung schärfen
– Zuhören, hinhören
– Aufmerksam und achtsam sein
– Präsent sein, sensibel sein
– Sich einfühlen, sich hineinversetzen
– Kooperieren, sich abstimmen
– Mit Überraschungen umgehen, spontan reagieren
– Ruhe bewahren, gelassen bleiben
– Geduldig und ausdauernd sein
– Sich als Team erleben, Erfolgserlebnis für das Team
– In kurzer Zeit anschauliche Bei-Spiele erhalten und diese später grundsätzlich reflektieren

Nachteil, Schwäche, Risiko

– TN mit Hörproblemen können sich benachteiligt oder ausgeschlossen fühlen; dies vorher abklären

Hinweise, Tipps

Erfahrungsgemäß sind auch Erwachsene ganz bei der Sache. Dies gilt für beide Rollen: Zuhörer und Geräuschemacher

Die verschiedenen Ergebnisse zunächst von den TN präsentieren und erläutern lassen (Tafel, Pinwand, Projektor ...)

Die Spannung möglichst lange aufrechterhalten. Erst am Ende die Lösung aufdecken: Überraschung!

Impulse zur Reflexion

Zu Beginn der Reflexion die TN zunächst nach ihrem Befinden und nach ihrer Erfahrung fragen.
Mögliche Fragen: s. Kap. A.1

Impulse zum Transfer
- Wann, wo kommen ähnliche Situationen oder Verhaltensmuster vor?
- Welche Erfahrungen lassen sich in den Alltag übertragen?
- Was lässt sich daraus lernen?

Mögliche Antworten:
Richtig hinhören, genau zuhören, auf Feinheiten achten, Untertöne beachten, feine Signale wahrnehmen, wachsam sein; sich nicht aus der Ruhe bringen lassen, ganz da sein, bei der Sache sein, sich nicht ablenken lassen, sich einstimmen, sich einfühlen, sich hineinversetzen; den Ton angeben

Literatur
Baer U. 2011: 327 (Sinnliche Wahrnehmung – Kim-Spiele)
Wallenwein G. 2013: 94 (Hör gut zu), 198 (Hör gut hin)

S.15 Hürdenlauf

Thema: führen und geführt werden
Worum es geht: ein sehender TN führt einen blinden TN an Hürden vorbei
Worauf es zielt: Verantwortung übernehmen, vertrauen, sich anvertrauen, leiten, sich leiten lassen, sich hineinversetzen, Empathie, Teamentwicklung

Geeignet für folgende Situation

Für eine Gruppe, die sich bereits kennt; im Laufe einer Veranstaltung; als Einstieg in das entsprechende Thema

1,2,3, →

Ablauf und Abfolge

1. Hürden und Hindernisse aufbauen (Stühle, Tische, Flaschen ...). Unterschiedliche Schwierigkeitsstufen vorsehen (unter den Tisch klettern, über den Stuhl steigen ...)
2. Einen Weg festlegen und auf dem Boden markieren (Seil, Kreide, Tesakrepp ...)
3. An das Ende des Weges einen Gegenstand zum Aufheben legen (Papierserviette, Ball ...)
4. TN bilden Paare
5. Ein TN verbindet sich die Augen (Augenbinde)
6. Der sehende Partner führt den Blinden und sorgt für dessen Sicherheit
7. Beide TN dürfen miteinander sprechen, sich aber nicht berühren
8. Der Blinde darf die Hindernisse nicht berühren und am Ziel den dort deponierten Gegenstand aufheben
9. Ein Schiedsrichter überwacht die Regeln
10. Wird eine Regel verletzt, beginnt das Paar von vorne
11. Jedes Paar geht den Weg separat, während die restliche Gruppe zuschaut
12. Vor jedem Durchgang den Parcours leicht verändern, damit er für das nächste Paar überraschend bleibt
13. Wenn jedes Paar an der Reihe war, die Rollen tauschen
14. Anschließend Reflexion

Was zu beachten ist

– Auf die Sicherheit der TN achten: Keine gefährliche Hürden aufbauen, gefährliche Situationen vermeiden
– Als SL wachsam sein und in der Nähe bleiben
– Bei ungerader TN-Zahl: Weitere TN entweder im Trio, als Beobachter oder Schiedsrichter einsetzen
– Die Sehenden daran erinnern, dass sie für die Sicherheit und das Wohlbefinden ihres blinden Partners verantwortlich sind!
– Die Sehenden daran erinnern, dass sie die Blinden behutsam auf die Hürde vorbereiten!

- Die Gruppe den Parcours selbst vorbereiten oder verändern lassen (Hürden aufbauen, Weg markieren, Schlussgegenstand hinlegen); dies erhöht die Motivation
- Hindernisse zum Drübersteigen oder Drunterklettern dürfen berührt werden
- Den Parcours erst dann verändern, wenn die nächsten „Blinden" nichts mehr sehen können
- Der aufzuhebende Gegenstand am Ende sorgt für ein Erfolgserlebnis
- Betonen, dass es vor allem um Vertrauen und um die Qualität der Kommunikation geht, weniger um Tempo oder Wettbewerb (Ausnahme: Variante E)
- Für Ruhe und Zeit sorgen: Ruhige Umgebung wählen, genügend Zeit lassen
- Bei Rollenwechsel möglicherweise eine Zwischenreflexion einschieben (intern zwischen den Paaren oder im Plenum)
- Stühle: „Blinde" zum Schluss hinsetzen lassen, ohne Hilfe der Hände

Varianten

A. Paare dürfen nicht sprechen, sich aber dafür berühren
B. Keine realen Hindernisse wählen, sondern scheinbare Hindernisse auf dem Boden markieren (Kreide, Seil)

C. Art der Paarbildung: Die Gruppe in zwei Hälften teilen – sehende und blinde TN. Jeder Sehende wählt sich einen Blinden aus, indem er die Hand auf dessen Schulter legt (alternativ: Gegenstand anbieten, den beide anfassen, z. B. Holzstab). Dies kann schweigend geschehen. In diesem Fall den Blinden am Schluss raten lassen, wer ihn geführt hat
D. Gruppe in zwei Teams teilen (A, B). TN in Team A sehen, TN in Team B sind blind. Jeder sehende TN (A) erhält einen blinden Partner (B). Jedes Paar vereinbart ein akustisches Signal, um sich zu verständigen (Stimme erkennen, Klatschen, Pfeifen ...). Team A versucht nun, Team B durch den Parcours zu führen; dabei laufen alle gleichzeitig los. Die jeweiligen Paare versuchen, sich durch das Stimmengewirr hindurch zu verständigen und in Kontakt zu bleiben. Mehrere Schiedsrichter beobachten das Geschehen (Regeln einhalten, bei Bedarf eingreifen, Paare stoppen und herausnehmen)

E. *Wettbewerb*: Die Gruppe in zwei Teams teilen (A, B). Jedes Team bildet Paare (sehender TN, blinder TN). Beide Teams treten gegeneinander an. Ziel ist es, paarweise das Ziel möglichst schnell zu erreichen und dabei die Regeln einzuhalten. Das Team mit den meisten erfolgreichen Paaren hat gewonnen

F. *Safari:* Die Wegstrecke liegt im Freien (Wiese, Wald ...) und hat natürliche Hindernisse (Baumstamm, Äste, Steine, Mauer ...). In der Mitte tauschen die Paare die Rollen. Der Sehende hält Körperkontakt zum Blinden, und sorgt für dessen Sicherheit (Hand an Arm oder auf Schulter legen, Holzstab anfassen, vorausgehen, hinter ihm gehen ...). Die Paare schweigen. Das Schweigen darf nur ausnahmsweise unterbrochen werden (bei Gefahr, Unsicherheit, Unwohlsein ...). Als SL die Gruppe begleiten: langsam vorausgehen, zeitliche Signale geben (Anfang, Mitte, Schluss)

G. siehe „Blindenführung", s. S.3

Dauer
- Flexibel, abhängig von der Anzahl der TN, der Hürden und der Weglänge
- Mind. 20–30 Min. & Reflexion

Raum
- Innen oder im Freien
- Große freie Fläche, Stolperfallen entfernen (Taschen, Flaschen ...)
- Hürden und Hindernisse aufbauen, Weg markieren

Vorbereitung
- ✓ Seil, Kreide
- ✓ Augenbinden
- ✓ Gegenstände im Raum platzieren (Stühle, Tische, Flaschen ...)
- ✓ Raum richten
- ✓ Anleitung visualisieren (Tafel, Pinwand, Projektor ...)

TN-Zahl, Gruppierung
- Ideal: 10–16
- Paare

Tempo, Stimmung
Langsam, konzentriert; ernst bis heiter; raumgreifend, leicht bewegt; je nach Variante leise bis lebhaft

Vorteil, Stärke, Chancen
- Verantwortung übernehmen
- Vertrauen, sich anvertrauen
- Leiten, sich leiten lassen
- Sich abstimmen, kooperieren
- Kommunizieren, zuhören
- Sich als Team erleben, Erfolgserlebnis für das Team
- Sich einfühlen, sich hineinversetzen, Empathie
- Zur Ruhe kommen, sich Zeit nehmen
- Sich konzentrieren, wahrnehmen
- Wahrnehmung schärfen
- Aufmerksam sein, achtsam sein
- Präsent sein, sensibel sein
- Konstruktiver Umgang mit Konflikten und Problemen
- Humorvoll sein, über sich selbst lachen können
- Mit Überraschungen umgehen, gelassen bleiben
- In kurzer Zeit anschauliche Bei-Spiele erhalten und diese später grundsätzlich reflektieren

Nachteil, Schwäche, Risiko
- Paare, die kein Erfolgserlebnis haben, können enttäuscht sein
- TN, die später an der Reihe sind, können sich bevorzugt fühlen, da sie Aufbau und Ablauf schon besser kennen. Die Reihenfolge daher bei den Varianten ändern
- TN mit Hörproblemen können sich benachteiligt oder ausgeschlossen fühlen; vorher abklären
- TN können sich bei Körperkontakt unwohl fühlen. Die Gruppe sollte daher miteinander vertraut sein. Wahlweise einen Gegenstand anbieten, den beide festhalten (Holzstab ...)
- Stolpergefahr, Verletzungsrisiko

Hinweise, Tipps

Zu Beginn: blinde TN drehen sich um die eigene Achse (Orientierung↓)

Hier heißt das Motto: *Der Weg ist das Ziel*, oder: *Der Prozess ist genauso wichtig wie das Produkt*. Es geht in erster Linie um das Erlebnis, um die Qualität der Kommunikation und Kooperation. Daher möglichst keine Zeit vorgeben (Ausnahme: Variante E).

Beobachter können mit darauf achten, dass die Spielregeln eingehalten werden. Diese können sich auch Notizen machen, die sie in die Reflexion einbringen (s. Impulse zur Reflexion). Falls sinnvoll, entsprechendes Formular zum Ausfüllen vorbereiten.

Impulse zur Reflexion

Die TN zunächst nach ihrem Befinden und nach ihrer Erfahrung fragen.
Mögliche Fragen: s. Kap. A.1

Impulse zum Transfer

- Wann, wo kommen ähnliche Situationen oder Verhaltensmuster vor?
- Welche Erfahrungen lassen sich in den Alltag übertragen?
- Was lässt sich daraus lernen?

Mögliche Antworten:

Leiten, den Ton angeben, „Druck ausüben", die Richtung vorgeben, Verantwortung übernehmen, vertrauenswürdig sein; vertrauen, sich anvertrauen, Verantwortung abgeben, den anderen machen lassen; sich orientieren, sensibel sein, achtsam sein, richtig hinhören, genau zuhören, auf Feinheiten achten, feine Signale wahrnehmen, sich nicht aus der Ruhe bringen lassen, ganz da sein, bei der Sache sein, sich nicht ablenken lassen, sich einstimmen, sich einfühlen, sich hineinversetzen

Literatur

Baer U. 2011: 327 (Slalom)
Dürrschmidt P. et al. 2014: 153 (Hindernislauf)

S.16   Koffer packen

Thema: Selbstreflexion
Worum es geht: den Kurs auswerten. Was wird mitgenommen? (Ideen, Erkennt-nisse, Erfahrungen)
Worauf es zielt: Auswertung, Evaluation, Transfer

Geeignet für folgende Situation

Abschluss, Ausklang

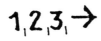

Ablauf und Abfolge

1. Jeder TN stellt sich den Seminar- oder Kursablauf rückblickend noch einmal vor
2. Nun darf jeder seinen Koffer packen: Was nehme ich mit? (Ideen, Erkenntnisse, Erfahrungen, Vorsätze)
3. Jeder TN erhält Kommunikationskarten oder Papierbögen und beschriftet diese; pro Karte *einen* Punkt!
4. Anschließend platziert jeder TN reihum 1–3 „Dinge" (beschriftete Karten) in den Koffer und erläutert sie kurz vor dem Plenum

Was zu beachten ist

- Jeder TN nennt mindestens *einen* konkreten Punkt, also nicht diffus bleiben („*vieles war interessant", „alles mögliche"* ...)
- Falls sinnvoll, Prioritäten setzen: Was kommt im Koffer ganz nach oben (sofort griffbereit)? Was eher in die Mitte? Was nach unten?
- Darauf achten, dass jeder TN genügend Zeit hat
- Für eine ruhige Umgebung sorgen
- TN sitzen beim Schreiben einzeln, nicht im Plenum (Ablenkung und Abschreiben vermeiden)
- Reservekarten (-bögen) bereithalten
- Mitgenommen werden können inhaltliche Erkenntnisse (neues Wissen) oder methodische Fähigkeiten (z. B. Präsentation)

Varianten

A. Andere Metaphern mit entsprechender Visualisierung:
1. *Fischfang, Fischernetz und See (Meer):* Welche Fische wurden geangelt oder im Netz gefangen? Welche Fische werden wieder zurück in den See (ins Meer) geworfen? Kommunikationskarten möglicherweise in Fischform schneiden
2. *Insel:* Gesicherte, umsetzbare Erkenntnisse; Schwemmland: ungesichert, zurückgestellt; Meer: momentan nicht verwertbar, nicht greifbar

3. *Eisberg:* Spitze, die aus dem Wasser herausragt. Ganz oben: „hoch" relevant, umsetzbar; unmittelbar unter der Oberfläche: interessant, relevant, vorerst zurückgestellt. Je weiter unten, desto geringer die Bedeutung. Jeder TN entscheidet selbst, was welche Bedeutung hat
4. *Schatztruhe:* Was nehme ich mit? Was lasse ich da?
5. *Samenkörner:*
    a. Welche sind bei mir auf fruchtbaren Boden gefallen? (erste Keimlinge, erste Früchte, etwas wächst)
    b. Welche sind bei mir in Dornbüsche gefallen? (zwar interessant, doch irgendwie untergegangen; schwierig; Widerstände zu erwarten)
    c. Welche sind bei mir nicht aufgegangen? (Auf dem Weg liegen geblieben, auf steinigen Grund gefallen; in meinem Kontext derzeit nichtssagend oder nicht realisierbar)
B. Jeder TN erhält ein entsprechendes Formular, um den Kurs auszuwerten. Jeder liest reihum etwas daraus vor
C. *Bahnhof:* Jeder TN steht an seinem „Koffer". Die anderen TN wandern reihum und lassen sich vor Ort erzählen, was der Betreffende mitnimmt
D. Auch die negative Seite: Was lasse ich da, zurück?

Dauer
Mind. 10 Min. Selbstreflexion & Plenum, Reflexion

Raum
–   Innen, ruhige Umgebung
–   Kleine Einzeltische oder Stuhlkreis

Vorbereitung

- ✓ Kleinen Koffer in die Mitte stellen. Alternativ: Bildlich darstellen (auf dem Boden, Tafel, Pinwand, Projektor ...)
- ✓ Kommunikationskarten, Befestigungsmaterial
- ✓ Alternativ oder ergänzend: Papierbögen oder Formulare (DIN A4)
- ✓ Filzschreiber
- ✓ Hintergrundmusik (leise, rein instrumental)
- ✓ Raum richten
- ✓ Anleitung visualisieren (Tafel, Pinwand, Projektor ...)

TN-Zahl, Gruppierung

- – Ideal: 8–15
- – Einzeln oder Plenum

Tempo, Stimmung

Langsam, ruhig, konzentriert, heiter

Vorteil, Stärke, Chancen

- – Selbstreflexion
- – Hören lernen, was andere TN sagen
- – Prioritäten setzen
- – Transfer
- – Auswertung, Evaluation
- – Selbstverantwortung erfahren
- – Abschied oder Übergang vorbereiten
- – Rückblende: Innerer Film läuft nochmal ab
- – Sich noch einmal als Team erleben
- – Loslassen
- – Sich bewegen (reihum)

Nachteil, Schwäche, Risiko

- – Sozialer Gruppendruck kann die Ergebnisse verzerren (in die eine oder andere Richtung)
- – Falls die Ergebnisse mager ausfallen (*mir fällt fast nichts ein*), ist es am Kursende schwierig, dies aufzufangen und kann frustrieren

- – Was weiter zurückliegt, ist möglicherweise vergessen, nicht mehr präsent

Hinweise, Tipps

Schreibphase möglicherweise mit Hintergrundmusik begleiten

Die Übung baut die Brücke zur Phase „danach". Sie zielt nicht auf eine Kursauswertung im engeren Sinne und kann diese nicht ersetzen.

Kommunikationskarten können den Prozess spielerisch visualisieren, jedoch weniger gut mitgenommen werden. Ergänzend möglicherweise einen Papierbogen oder Formular einsetzen.

TN bewegen lassen: Aufstehen – reinlegen, kommentieren – sich wieder setzen.

Koffer: am Ende symbolisch schließen und wegtragen!

Die Übung kann als Abschlussreflexion dienen. Die Beiträge der TN werden in der Regel nicht weiter kommentiert. Ausnahme: Zum besseren Verständnis nachfragen. Eine anschließende Reflexion ist optional.

Impulse zur Reflexion

- Wie geht es Euch jetzt?
- Wie ist es Euch bei der Übung ergangen?
- Wie habt Ihr die Übung erlebt?
- Was ist Euch besonders wichtig, was nun im Koffer liegt?
- Welche Dinge sind Euch erst später eingefallen, die dennoch wichtig sind?

Impulse zum Transfer

- Wann, wo kommen ähnliche Situationen oder Verhaltensmuster vor?
- Welche Erfahrungen lassen sich in den Alltag übertragen?
- Was lässt sich daraus lernen?

Mögliche Antworten:

Über sich selbst nachdenken, etwas auswerten, Prioritäten setzen, lebenslanges Lernen, nachhaltig lernen, Lernen als Grundhaltung. Nach jeder Lehrveranstaltung: Was habe ich gelernt? Was ist wichtig, z. B. für die Prüfung? Abschied nehmen, Weichen neu stellen, Lebensphasen. Was brauche ich wirklich? Umziehen, Arbeitsplatz wechseln, Lebensbilanz; nach einer Beziehung: was habe ich daraus gelernt? Tagebuch schreiben, Tagesrückblick, Jahresrückblick, Jahresbilanz, etwas nachbereiten (z. B. im Projekt)

Literatur

Dürrschmidt P. et al. 2014: 127 (Fischernetz und Teich), 171 (Insel-Übung), 55 (Auswertungs-Eisberg)

Geißler KA. 2005: 87 (Kofferpacken), 115 (Inselübung)

Rachow A. (Hg.) 2002: 207 (Fischfang)

S.17 Kompliment

Thema: Kommunikation

Worum es geht: sich gegenseitig Komplimente machen und diese anonym aufschreiben

Worauf es zielt: über die Stärken anderer Personen nachdenken und diese formulieren, Fremdwahrnehmung, sich als Team erleben

Geeignet für folgende Situation
Abschluss, Ausklang

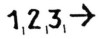

Ablauf und Abfolge
1. Je TN ein Bogen Papier oder Karton, der an einer Kordel befestigt ist. Überschrift: *Kompliment: das gefällt mir besonders an Dir ...*
2. Jeder TN hängt sich diesen so um, dass er hinten am Rücken hängt
3. Alle TN gehen durch den Raum und schreiben sich gegenseitig auf den Rücken, was ihnen am jeweils Anderen besonders gefällt
4. Dabei nicht sprechen
5. Anschließend darf jeder TN seine erhaltenen Komplimente in Ruhe durchlesen
6. Abschließend kurze Reflexion (optional)
7. Jeder darf sein Schild als Abschiedsgeschenk mit nach Hause nehmen

Was zu beachten ist
– Darauf achten, dass jeder TN die Möglichkeit hat, etwas zu schreiben
– Anonym schreiben
– Lesbar, nicht zu groß und nicht zu viel schreiben (max. 1–3 Punkte je TN)
– Wenn der Platz nicht ausreicht, den Bogen umdrehen und auf die Rückseite schreiben
– Reservebögen bereithalten
– Auch der SL darf einen Bogen auslegen, damit er nicht leer ausgeht

Varianten
A. Systematische Rotation: TN stehen in einem Kreis und schreiben etwas auf den Bogen der vorderen Person. Anschließend drehen sich die TN um und schreiben etwas auf den Bogen der jetzt vorderen Person. Anschließend neue Gruppierung im Kreis, bis jeder TN alle Bögen beschriften konnte

B. Es darf gesprochen werden: Falls sinnvoll, ist nach jeder Beschriftung ein kurzer Austausch möglich

Dauer

- Abhängig von der Anzahl der TN
- Mind. 15 Min. & Reflexion

Raum

- Innen oder im Freien
- Größere freie Fläche, Stolperfallen entfernen (Taschen, Flaschen ...)

Vorbereitung

✓ Papier-oder Kartonbögen (mindestens DIN A3) oder ½ Flipchart-papier
✓ Bögen auf jeder Schmalseite 2-mal lochen
✓ Auf jeder Seite eine Kordel einfädeln (ca. 1 m lang) und als Schlaufe zusammenbinden („Rucksackträger")
✓ Jeweils mit der Überschrift beschriften:
   Kompliment: Besonders gefällt mir an Dir ... oder: *Deine Stärken sind ...* oder: *Du wirst mir in Erinnerung bleiben, weil ...*
✓ Raum richten
✓ Anleitung visualisieren (Tafel, Pinwand, Projektor ...)
✓ Hintergrundmusik (leise, rein instrumental)

TN-Zahl, Gruppierung

- Ideal: 10–15
- Plenum

Tempo, Stimmung

Langsam, ruhig, konzentriert, heiter; raumgreifend

Vorteil, Stärke, Chancen

– Abschied vorbereiten
– Sich noch einmal als Team erleben
– Mehr von sich selbst erfahren (Stärken, Talente, ...)
– Vergleich: Selbstbild – Fremdbild
– Positiv denken
– Selbstvertrauen stärken
– Sich positiv überraschen lassen
– Etwas annehmen dürfen und lernen
– Empathie zeigen und entwickeln
– Über andere TN nachdenken, sich einfühlen
– Stärken Anderer in Worte fassen und verständlich formulieren
– Stärken bei Anderen entdecken, auch wenn sie noch so klein sind
– Etwas geben dürfen
– Spontan sein, improvisieren
– Auf Andere zugehen, aus sich herausgehen

Nachteil, Schwäche, Risiko

– Es können Unterschiede in der Beliebtheit deutlich werden: Einige TN erhalten mehr, andere weniger Komplimente
– TN können sich unter Druck fühlen, ein Kompliment „aus den Fingern zu saugen". Daher nicht zu viel Druck ausüben: jeweils ein Kompliment reicht aus!
– Es können Konflikte deutlich werden
– Es können Missverständnisse auftreten: Etwas falsch verstehen oder deuten, Ironie
– Ergebnis kann enttäuschend sein (wenig, unerwartet, für einen selbst negativ)
– Schüchterne, stille TN können fast leer ausgehen

Hinweise, Tipps

Die Kartons wie einen Rucksack tragen: Arme durch die beiden seitlichen Schlaufen stecken.

Aufdecken, lesen: Alle zum gleichen Zeitpunkt, gleichzeitig!

Manche TN ziehen es vor, die Komplimente schweigend und kommentarlos weiterzugeben; manche ziehen es vor, sich darüber auszutauschen. Im Zweifel freistellen, wer was und wieviel sagt.

Im Idealfall geht es reihum: Jeder darf ein Kompliment vorlesen, das ihn besonders freut oder überrascht.

Wenn jemand etwas sagen oder fragen möchte, hat er die Gelegenheit dazu (*Besonders freut mich ...,* oder *Ich frage mich, von wem das stammt ...*). Auch das Antworten ist jeweils freiwillig.

Prinzipiell die Komplimente auf sich wirken lassen; die abschließende Reflexion daher eher kurz halten.

Impulse zur Reflexion

- Wie geht es Euch jetzt?
- Wie ist es Euch bei der Übung ergangen?
- Wie habt Ihr die Übung erlebt?
- Wie habt Ihr die unterschiedlichen Rollen erlebt? (etwas geben, etwas empfangen)
- Was hat Euch besonders gefreut?

Impulse zum Transfer

- Wann, wo kommen ähnliche Situationen oder Verhaltensmuster vor?
- Welche Erfahrungen lassen sich in den Alltag übertragen?
- Was lässt sich daraus lernen?

Mögliche Antworten:
Feedback geben, Mitarbeitergespräche, Selbstbild und Fremdbild vergleichen (wie ich mich selbst, wie andere mich wahrnehmen), über sich selbst mehr erfahren, positiv denken, Komplimente annehmen lernen, Komplimente geben lernen, Anerkennung geben lernen, Anderen etwas mitgeben, Abschied nehmen, Netzwerke fördern, Teamarbeit, Wahrnehmung sensibilisieren, Achtsamkeit fördern, „Hinter dem Rücken", Erziehung: Wertschätzung lernen, üben; Öfters machen!

Literatur

Baer U. 2011: 78 (Body Check – Das unbeschriebene Blatt)
Rachow A. (Hg.) 2002: 211 (Mir gefällt an Dir ...), 213 (Pluskarten)

S.18   Malerduo

Thema: Kooperation
Worum es geht: zwei TN malen gemeinsam ein Bild
Worauf es zielt: verschiedene Rollen ausprobieren, Konzentration, Kreativität

Geeignet für folgende Situation

Für eine Gruppe, die sich bereits kennt; im Laufe einer Veranstaltung; nach einer Pause, nach einer Arbeitsphase; als Einstieg in das entsprechende Thema

Ablauf und Abfolge

1. Paare mit je 2 TN bilden (Losverfahren)
2. Jedes Paar (Duo) sitzt nebeneinander an einem Tisch (ideal: kleine Einzeltische)
3. Auf jedem Tisch liegen Papier und Stifte
4. Sprechen ist nicht erlaubt, d. h. die TN sind stumm
5. Ein Thema vorgeben:
   Baum – Wiese – Katze, See – Boot – Berge, Fluss – Fische – Angler, Meer – Strand – Liegestuhl ...
6. Beide TN ergreifen gemeinsam denselben Stift und malen zusammen das Bild
7. Am Ende signieren sie es gemeinsam
8. Die Bilder einsammeln und aufhängen („Ausstellung")
9. Jedes Duo präsentiert sein Produkt und erläutert, wie der Malprozess abgelaufen ist
10. Die Ergebnisse miteinander vergleichen und die verschiedenen Runden reflektieren

Was zu beachten ist

- Beide TN halten den einen Stift ständig fest
- Bei mehreren Varianten die Duos wechseln (rotieren, auslosen ...)
- Für Ruhe und Konzentration sorgen: Ruhige Umgebung wählen, mit leiser Stimme sprechen, genügend Zeit lassen
- Manche TN trauen sich nicht, zu malen. TN dazu ermutigen: Es kann einfach sein, es muss nicht perfekt sein
- Möglicherweise mit Hintergrundmusik
- Ergebnisse am Ende übersichtlich darstellen und vergleichen: Einzelne Runden, Varianten. Dafür eine Tabelle vorbereiten (Tafel, Pinwand, Projektor ...)

Varianten

A. TN dürfen sprechen, können jedoch nicht sehen (blind)

B. TN dürfen weder sprechen noch können sie sehen (stumm und blind)

C. Beide TN halten zwar gemeinsam den einen Stift, wechseln sich jedoch beim Malen ab: Jeder darf jeweils selbstbestimmt einen Strich malen. Sobald er den Stift absetzt, ist der andere TN an der Reihe

D. Das Thema nicht vorgeben. Dieses dürfen die TN wählen und vor Beginn absprechen. Sie schreiben den Titel zuerst oben auf das Papier (sehend), dann beginnt die Malerei (möglicherweise blind)

E. Das Thema ist offen und wird von den TN vorab auch nicht abgesprochen. Stattdessen entwickelt es sich spontan während des Malens:
   - E1: TN1 beginnt mit einem Strich, TN2 ergänzt einen zweiten Strich, TN1 ergänzt einen dritten Strich ... Es darf nicht gesprochen werden. Erst am Schluss geben die TN dem Bild einen Namen
   - E2: TN1 beginnt mit einer Figur (Haus, Baum, Sonne ...). TN2 ergänzt eine andere Figur (Fluss, Mensch, Tier ...). TN1 ergänzt eine dritte Figur ... Es darf nicht gesprochen werden. Erst am Schluss geben die TN dem Bild einen Namen

F. Ein TN sieht, ein TN ist blind. Der sehende TN dirigiert mündlich, der blinde TN malt

G. Das Thema hat einen bestimmten Bezug (Seminarthema, Arbeitsplatz, Organisation, Vision ...)

Dauer
- Flexibel, abhängig von der Aufgabe, Anzahl der TN und der Varianten
- Mind. 10 Min. je Thema & Auswertung, Reflexion

Raum
- Locker gruppierte Einzeltische
- Visualisierungsfläche (Tafel, Pinwand, Whiteboard, Metall-schiene ...) mit Schreibmaterial und Befestigungselementen

Vorbereitung
✓ Dicke Filzschreiber
✓ Papierbögen (DIN A3 oder Flipchartpapier)
✓ Thema überlegen
✓ Hintergrundmusik (leise, rein instrumental)
✓ Raum richten
✓ Anleitung visualisieren (Tafel, Pinwand, Projektor ...)

TN-Zahl, Gruppierung
- Ideal: 8–16
- Paare

Tempo, Stimmung
Im Sitzen, langsam, ruhig, konzentriert; heiter

Vorteil, Stärke, Chancen
- Sich als Team erleben
- Verschiedene Rollen ausprobieren, Rollen finden, Rollen wechseln
- Rollen deutlich machen: wer leitet an, wer passt sich an, wer unterstützt
- Erfolgserlebnis im Team, Teamentwicklung
- Kooperieren, koordinieren
- Sich abstimmen, sich einfühlen
- Leiten, sich leiten lassen
- Vertrauen, sich anvertrauen
- Wahrnehmen, sensibel sein
- Aufmerksam sein, achtsam sein
- Konstruktiver Umgang mit Konflikten oder Problemen
- Humorvoll sein, über sich selbst lachen können
- Ruhe bewahren, gelassen bleiben
- Sich konzentrieren, präsent sein

- Kommunizieren (v. a. non-verbal)
- Kreativ sein, spontan sein, improvisieren
- In kurzer Zeit anschauliche Bei-Spiele erhalten und diese später grundsätzlich reflektieren

Nachteil, Schwäche, Risiko
- Es können Konflikte entstehen oder deutlich werden

Hinweise, Tipps
Überzählige TN als Beobachter einsetzen, die mit darauf achten, dass die Spielregeln eingehalten werden und sich Notizen machen, die sie in die Reflexion einbringen (s. Impulse zur Reflexion). Falls sinnvoll, entsprechendes Formular zum Ausfüllen vorbereiten.

Bei Bedarf nach jeder Runde kurz reflektieren und die wichtigsten Punkte ansprechen (Erfahrungen, Schwierigkeiten, Erfolge, Erkenntnisse).

Oft wird während der Übung diskutiert, ob das Ergebnis bereits erreicht ist. Dabei werden auch unterschiedliche Qualitätsansprüche deutlich.

Die verschiedenen Ergebnisse zunächst von den TN selbst präsentieren und erläutern lassen.

Impulse zur Reflexion
Die TN zunächst nach ihrem Befinden und nach ihrer Erfahrung fragen.
Mögliche Fragen: s. Kap. A.1

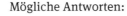

Impulse zum Transfer
- Wann, wo kommen ähnliche Situationen oder Verhaltensmuster vor?
- Welche Erfahrungen lassen sich in den Alltag übertragen?
- Was lässt sich daraus lernen?

Mögliche Antworten:

Sich einstimmen, sich abstimmen, Strategie entwickeln, zielführend, Zielkonflikt, Ziel ändern, Flexibilität, sich einfügen, sich einordnen, leiten, jemanden beeinflussen, sich auf jemand anderen einstellen, sich auf jemand anderen verlassen, Vertrauen, vertrau-

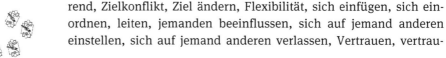

enswürdig oder verlässlich sein, leiten, die Führung übernehmen, Prozess, Entscheidungsprozess, Qualitätsstandards, Qualitätskontrolle, geteilte Arbeitsplätze, Projektleitung

Literatur
Antons K. 1975: 115 (Haus-Baum-Hund)
Baer U. 2011: 176 (Haus-Baum-Hund)
Jones A. 2002: 152 f (Buddy Blind Draw)
Pfeiffer JW. & Jones JE. 1974, Bd. 1: 115 (Kunst als Hilfsmittel zum Sichöffnen – Gemeinsam zeichnen)
Rachow A. (Hg.) 2012: 93 (Mitternachtszeichner)
Wallenwein G. 2013: 248 (Dialogmalerei)

S.19   Namensball

Thema: Kooperation
Worum es geht: sich den Ball zuspielen, dabei die Namen nennen
Worauf es zielt: Namen der anderen TN spielerisch lernen, Einstieg, Auflockern, Aktivieren

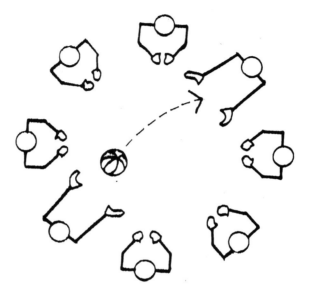

Geeignet für folgende Situation
Unbekannte Gruppe, zu Beginn

Ablauf und Abfolge
TN stehen im Kreis

1. Runde
- Den eigenen Namen nennen und den Ball einem anderen TN zuwerfen: *Ich heiße ... Und wie heißt Du?*
- TN A fängt den Ball, nennt seinen eigenen Namen und wirft den Ball zu TN B: *Ich heiße ... Und wie heißt Du?*
- B fängt den Ball wirft ihn auf gleiche Weise zu C ...

2. Runde
- Den Ball zu A werfen und dessen Namen nennen:
  Du heißt ...
- A fängt den Ball und gibt zunächst Feedback, z. B. *Stimmt genau!* Und wirft dann den Ball zu B:
  Und du heißt ...
- B fängt den Ball und gibt zunächst Feedback, z. B. *Stimmt nicht ganz, aber fast ...* In dem Fall geht der Ball zurück an A; nachhelfen! Wenn der Name stimmt, geht es weiter: B wirft den Ball auf gleiche Weise zu C ...

Was zu beachten ist
- Die Reihenfolge ist beliebig
- Wiederholungen sind erlaubt und erwünscht
- Wer den Ball fängt, hört gut hin und gibt unmittelbare Rückmeldung:
    - Falls es richtig war: zustimmen, loben!
    - Falls es gar nicht oder nur teilweise richtig war: Nachhelfen, korrigieren
- Bei Fehlern geht der Ball zurück an denjenigen, der ihn zugeworfen hat, so lange, bis die Information stimmt
- Eselsbrücken zu den Namen suchen! Was der Vorname bedeutet, woher der Nachname kommt etc.

Varianten

A. Vor- und Zunamen abfragen
B. Später weitere Information hinzufügen, die von Interesse sind: Studiengang oder Fachrichtung, Wohnort, Herkunft ...
C. Position im Raum ändern: jeder TN stellt sich auf einen anderen Platz und hat zwei neue Nachbarn
D. Bestimmte Reihenfolge einhalten: TN A → B → C ..., bis alle einmal dran waren
E. Dieselbe Reihenfolge einhalten, jedoch von hinten beginnen, also rückwärts laufen lassen
F. Zeitversetzt einen zweiten andersfarbigen Ball ins Spiel bringen, der parallel in der gleichen Reihenfolge läuft
G. Gleichzeitig einen zweiten andersfarbigen Ball einsetzen, der eine andere Reihenfolge nimmt (rückwärts, seitwärts ...)

Dauer

– Flexibel, abhängig von der Aufgabe, Anzahl der TN und der Varianten
– Mind. 15 Min.

Raum

– Innen oder im Freien
– Größere freie Fläche, Stolperfallen entfernen (Taschen, Flaschen ...)

Vorbereitung

✓ Ball (Jonglierball, Softball ...)
✓ Möglicherweise mehrere Bälle in verschieden Farben
✓ Raum richten

TN-Zahl, Gruppierung

– 8–15
– Plenum

Tempo, Stimmung
Lebendig, auflockernd, heiter; raumgreifend

Vorteil, Stärke, Chancen

- Namen der anderen TN spielerisch lernen
- Sich kennen lernen, Einstieg
- Teamentwicklung
- Gefühl der Vertrautheit
- Erfahrung des Aufeinander-Angewiesen-Seins
- Auflockerung, Aktivierung
- Humorvoll sein, über sich selbst lachen können
- Spontan reagieren, gelassen bleiben
- Aufeinander zugehen, kooperieren
- Kommunizieren, zuhören
- Sich selbst erfahren, andere einschätzen
- Frustrationstoleranz
- Lernbereitschaft
- Anderen etwas beibringen
- Konstruktive Rückmeldung geben und annehmen

Nachteil, Schwäche, Risiko

- TN, die sich ungeschickt anstellen (motorisch, sozial, kognitiv), können auffallen
- Schwierig bei komplizierten oder unverständlichen Namen.

Hinweise, Tipps

Feedback erfolgt von demjenigen, der den Ball auffängt. Auf die *Qualität der Rückmeldung* achten: Diese erfolgt unmittelbar und ist *konstruktiv!* Auch kleine Erfolge beachten und loben!

Bei schwierigen Namen: Darauf achten, dass der Namensträger hilfreich und ermutigend reagiert. Eselsbrücken geben, möglicherweise an die Tafel schreiben, wiederholen!

In der Regel können Namen und andere Informationen auf diese Weise schnell gelernt werden. Auf Nachfrage wird dies auch den TN bewusst.

Impulse zur Reflexion

Zu Beginn der Reflexion zunächst nach dem Befinden und nach der Erfahrung fragen

- Wie geht es Euch jetzt?
- Was ist passiert?
- Wie ist es Euch bei der Übung ergangen?
- Wenn man die Namen in der gleichen Zeit alleine, jeder für sich, hätte auswendig lernen müssen, anhand einer Tabelle: Wie viele Namen würdet Ihr jetzt wissen?
- Was war hier anders? Was hat Euch geholfen, so schnell und so gut zu lernen?
- Was bedeutet dies für unsere verschiedenen Lebenssituationen? (Lernen, Arbeiten)

Impulse zum Transfer

- Wann, wo kommen ähnliche Situationen oder Verhaltensmuster vor?
- Welche Erfahrungen lassen sich in den Alltag übertragen?
- Was lässt sich daraus lernen?

Mögliche Antworten zum Thema „besser Lernen":

Lockere Stimmung, gutes, angstfreies Klima; man darf Fehler machen, Fehlertoleranz; Humor, auch bei Irrtum; Wiederholungen; unmittelbares Feedback, nicht nur bei Fehlern, sondern auch bei Erfolg! Alle sitzen im gleichen Boot; gegenseitige Hilfestellung; Signale für verschiedene Sinneskanäle: Stimme, Mimik, Gestik, Motorik, Position im Raum ...; Bewegung, erhöhte Sauerstoff-Versorgung des Gehirns, Ball als Fokus: Erhöht die Aufmerksamkeit und Konzentration auf einen Punkt; Ball als Symbol für bestimmte Grundhaltungen: Spielerisches Lernen, Spiel, Sport, Spaß; aufregend, spannend, man kann jederzeit dran kommen, sich nicht verstecken können; Gruppendruck im positiven Sinn

Mögliche Antworten zu Erfahrungen allgemein:

Zusammenspiel, Informationskette, Missverständnisse, Klima, Atmosphäre, Teamwork, aufeinander angewiesen sein, Bedeutung von Feedback, Lernkultur, angstfreies und spielerisches Lernen, Gedächtnis, Wiederholen, Fehlerkultur, Unternehmenskultur, Lernende Organisation

Literatur
Baer U. 2011: 192 (Ich heiße … und Du?)
Rachow A. (Hg.) 2012: 23 (Namenjonglage)

S.20   Schwebeball

Thema: Kooperation
Worum es geht: einen Ball mit Ring und Seilen transportieren
Worauf es zielt: Teamwork, verschiedene Rollen ausprobieren

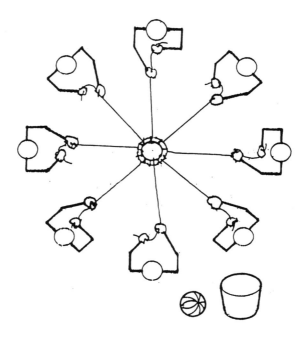

Geeignet für folgende Situation
Zu Beginn; nach einer Pause; nach einer Arbeitsphase; als Einstieg
in das entsprechende Thema

Ablauf und Abfolge
1. Ein leeres Gefäß in eine Ecke stellen
2. Den Ring mit den Schnüren in die Mitte auf den Boden legen
3. Die Schnüre, die an dem Ring befestigt sind, sternförmig auslegen
4. Jeder TN stellt sich an ein Schnur-Ende und nimmt es in die Hand
5. Den Ball auf den Ring legen und das Startzeichen geben
6. Der Ball soll auf dem Ring in das Gefäß transportiert werden und
   darin landen, ohne herunterzufallen
7. Fällt der Ball zu Boden, beginnt der Prozess wieder von vorn
8. Anschließend Reflexion

Was zu beachten ist

- Zunächst das Team alleine, ohne weitere Hinweise probieren lassen
- Falls die TN nicht von selbst darauf kommen, nach einer Weile
  darauf hinweisen: Das Team darf sich zu Beginn untereinander
  abstimmen!
  *Wie wollen wir vorgehen? Wer übernimmt welche Rolle? Welchen
  Weg wählen wir? ...*
- Der Ring soll nicht zu groß sein und den Ball – wie ein Eierbe-
  cher – an der unteren Hälfte umfassen. Je weiter unten am Ball
  der Ring ansetzt, desto schwieriger wird es
- Die TN dürfen die Schnur nur an den Enden halten
- Möglicherweise auf Gänge oder ins Freie ausweichen

Varianten

A. Zeitlimit vorgeben
B. Es darf nicht gesprochen werden
C. Wettbewerb herstellen: 2 Teams bilden
D. TN schließen oder verbinden die Augen (Augenbinden). Neben
   jedem TN steht ein sehender Partner, der ihn persönlich dirigiert
   („Coach")
E. TN schließen oder verbinden die Augen. Außerhalb des Kreises
   steht ein sehender TN, der die Gruppe von dort dirigiert („Füh-
   rungskraft")

F. Männer schließen die Augen, Frauen dirigieren
G. Frauen schließen die Augen, Männer dirigieren
H. Hindernisse aufbauen (Tische, Stühle …), die umgangen werden müssen
I. Das Ziel verändern, nachdem die TN die Augen geschlossen haben
J. Die Schnüre verlängern
K. Zu Beginn den Ring über einen Gegenstand (Flasche, Kerzenständer …) legen. Den Ball oben auf den Gegenstand legen. Dort wird er mit dem Ring von unten angehoben
L. Größe von Ball und Ring verändern: Größer, kleiner
M. Bleistift am stumpfen Ende an eine Schnur binden, so dass die Spitze nach unten hängt. 2 TN halten die Schnur an je einer Seite. Unten steht eine leere Flasche: Ziel: Bleistift in die Flasche bringen

Dauer
– Flexibel, abhängig von der Aufgabe, Anzahl der TN und der Varianten
– Mind. 15 Min. & Reflexion

Raum
– Innen oder im Freien
– Größere freie Fläche, Stolperfallen entfernen (Stühle, Taschen, Flaschen …)

Vorbereitung
✓ Ball (Tennisball, Softball, Golfball)
✓ Leeres Gefäß (Glas, Dose, Tasse …), in das der Ball locker passt
✓ Ring, auf dem der Ball liegen kann (aus dem Baumarkt, Bastelgeschäft …)
✓ Pro TN je eine Schnur von ca. 1–2 m Länge, die am Ring befestigt ist
✓ Bei Bedarf Stoppuhr
✓ Raum richten
✓ Anleitung visualisieren (Tafel, Pinwand, Projektor …)

Zu Variante M:
✓ Bleistift
✓ Leere Flasche

TN-Zahl, Gruppierung

- Ideal: 8–12
- Plenum

Tempo, Stimmung

Konzentriert, auflockernd, heiter; raumgreifend

Vorteil, Stärke, Chancen

- Sich als Team erleben, Teamentwicklung
- Erfolgserlebnis im Team
- Verschiedene Rollen ausprobieren, Rollen finden, Rollen wechseln
- Leiten, sich leiten lassen
- Vertrauen, sich anvertrauen
- Verantwortung übernehmen oder abgeben
- Kommunizieren, kooperieren
- Koordinieren, sich hineinversetzen, sich einfühlen
- Wahrnehmen, präsent sein
- Aufmerksam, wachsam, achtsam sein
- Konstruktiver Umgang mit Konflikten oder Problemen
- Humorvoll sein, über sich selbst lachen können
- Ruhe bewahren, gelassen bleiben
- Konflikt lösen, Problem lösen
- Rollen im Team deutlich machen
- Spaß, Geschicklichkeit
- In kurzer Zeit anschauliche Bei-Spiele erhalten und diese später grundsätzlich reflektieren

Nachteil, Schwäche, Risiko

- Ärger, Frustration
- Benötigt recht viel Platz
- Es können Konflikte entstehen oder sichtbar werden (bezogen auf die Strategie, das Tempo, die Leitung ...)

Hinweise, Tipps

Bei größerer TN-Zahl besteht die Gefahr, dass einzelne TN wenig aktiv sind. Überzählige TN als Beobachter einsetzen.

Beobachter können mit darauf achten, dass die Spielregeln eingehalten werden und sich Notizen machen, die sie in die Reflexion einbringen (s. Impulse zur Reflexion). Falls sinnvoll, entsprechendes Formular zum Ausfüllen vorbereiten.

Falls sinnvoll, nach jedem Durchgang eine kurze Zwischenreflexion einbauen und die wichtigsten Punkte durchsprechen (Erfahrungen, Schwierigkeiten, Erfolge, Erkenntnisse)

Konflikte auf konstruktive Weise in die Reflexion einbeziehen

TN, die eine besondere Rolle eingenommen haben, eine konstruktive Rückmeldung geben: Bei leitender Funktion *(verständlich, klar, souverän)*, bei unterstützender Funktion *(geduldig, partnerschaftlich, begleitend)*, bei besonderer Aufmerksamkeit *(achtsam, konzentriert, beobachtend)* ...

Impulse zur Reflexion

Die TN zunächst nach ihrem Befinden und nach ihrer Erfahrung fragen.
Mögliche Fragen: s. Kap. A.1

Impulse zum Transfer

– Wann, wo kommen ähnliche Situationen oder Verhaltensmuster vor?
– Welche Erfahrungen lassen sich in den Alltag übertragen?
– Was lässt sich daraus lernen?

Mögliche Antworten:
An einem Strang ziehen, Projektarbeit, Zielkonflikt, Gruppenintelligenz, sich auf den anderen verlassen, in Balance bleiben, verschiedene Perspektiven haben, verschiedene Positionen einnehmen, Qualitätskontrolle, sich abstimmen, vertrauen, strategisch vorgehen

Literatur

Dürrschmidt P. et al. 2014: 293 (Stringball)
Jones A. 2002: 112 (Pencil Drop); 136 (Ball Ring)
König S. 2014: 104 (Der Bullring)

S.21 Seilkreis

Thema: Kooperation
Worum es geht: mit einem Seil geometrische Formen bilden, ohne etwas zu sehen
Worauf es zielt: Teamwork, verschiedene Rollen ausprobieren

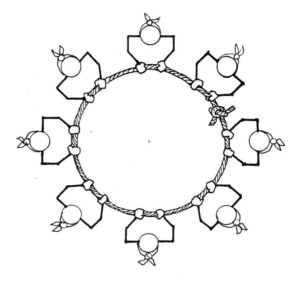

1,2,3,→

Geeignet für folgende Situation
Zu Beginn oder nach einer Pause, nach einer Arbeitsphase; als Einstieg in das entsprechende Thema

Ablauf und Abfolge
1. Das Seil an beiden Enden verbinden und ringförmig auf den Boden legen
2. TN stellen sich rund um das Seil
3. TN schließen oder verbinden sich die Augen
4. Jedem TN das Seil in die Hand geben, mit einem Abstand von jeweils 1–2 m
5. TN sollen das Seil in eine bestimmte Form bringen. Das Seil nicht loslassen und anspannen
6. Eine Form nennen, die gebildet werden soll (Kreis, Quadrat, Dreieck …)
7. Die Gruppe entscheidet, wann das gewünschte Ergebnis erreicht ist. Das Seil in dieser Form auf den Boden legen. Die Augen kurz öffnen, um das Resultat zu begutachten
   Weitere mögliche Formen:
8. *Rechteck, Raute, Trapez, Fünfeck, Ellipse, Stern, Halbmond, Firmenlogo*
9. Anschließend Reflexion

Was zu beachten ist
– Auf freie Fläche achten
– Für Ruhe und Konzentration sorgen: ruhige Umgebung wählen, genügend Zeit lassen

Varianten
A. Zeitlimit vorgeben
B. TN dürfen das Seil auch loslassen
C. Gruppe aufteilen in TN und Beobachter. Danach Rollenwechsel. Für größere Gruppen geeignet
D. Zu Beginn das Seil nicht ringförmig, sondern beliebig geformt auf den Boden legen (Schwierigkeit ↑)
E. Zu Beginn stehen die TN nicht kreisförmig, sondern durcheinander im Raum (Schwierigkeit ↑)
F. Schweigegebot: Man darf nicht sprechen (Schwierigkeit ↑)

G. Jeder TN ist blind und hat neben sich einen sehenden Partner, der ihn persönlich dirigiert („Coach")

H. Jeder TN ist blind. Es gibt *einen* sehenden Leiter; dieser steht *innerhalb* der Gruppe, d. h. in der Kreismitte und dirigiert von dort („Manager")

I. Es gibt einen sehenden Leiter *außerhalb* der Gruppe; dieser steht außen am Kreis und dirigiert von dort („Führungskraft")

J. *Ohne Seil:* TN stellen sich im Kreis auf und fassen sich an den Händen. Mit geschlossenen Augen eine Figur bilden, indem sich die TN entsprechend aufstellen

K. *Schulterklopfen:* SL klopft einigen TN auf die Schulter. Diese dürfen danach nicht mehr sprechen.

L. TN können sehen, dürfen aber nicht sprechen

Dauer
- Flexibel, abhängig von der Aufgabe, Anzahl der TN und der Varianten
- Mind. 15 Min. & Reflexion

Raum
- Innen oder im Freien
- Größere freie Fläche, Stolperfallen entfernen (Stühle, Taschen, Flaschen ...).

Vorbereitung
- ✓ Seil oder kräftige Schnur von entsprechender Länge; ca. 1–2 m Abstand zwischen den TN
- ✓ Augenbinden
- ✓ Figuren überlegen
- ✓ Raum richten
- ✓ Anleitung visualisieren (Tafel, Pinwand, Projektor ...)

TN-Zahl, Gruppierung

–   Ideal: 8–12
–   Plenum

Tempo, Stimmung

Konzentriert, auflockernd, heiter; raumgreifend

Vorteil, Stärke, Chancen

–   Sich als Team erleben, Teamentwicklung
–   Erfolgserlebnis für das Team
–   Verschiedene Rollen ausprobieren, Rollen finden, Rollen wechseln
–   Leiten, sich leiten lassen
–   Vertrauen, sich anvertrauen
–   Sich vertrauenswürdig verhalten
–   Verantwortung übernehmen, Verantwortung abgeben
–   Kommunizieren, kooperieren
–   Koordinieren, sich abstimmen
–   Sich hineinversetzen, sich einfühlen
–   Konstruktiver Umgang mit Konflikten und Problemen
–   Humorvoll sein, über sich selbst lachen können
–   Ruhe bewahren, gelassen bleiben
–   Rollen im Team deutlich machen (wer leitet an, wer passt sich an, wer unterstützt)
–   Wahrnehmen, sich konzentrieren
–   Aufmerksam und präsent sein
–   Wachsam und achtsam sein
–   Zuhören
–   Loyal sein
–   In kurzer Zeit anschauliche Bei-Spiele erhalten und diese später grundsätzlich reflektieren

Nachteil, Schwäche, Risiko
- Es können Konflikte entstehen oder deutlich werden
- Blamage, Missverständnis
- Frustration, Unzufriedenheit
- Bei Blindheit: Misstrauen, Orientierungsverlust (rechts, links)
- Bei schwierigen Figuren: TN, die warten, können sich langweilen

Hinweise, Tipps
Beobachter können mit darauf achten, dass die Spielregeln eingehalten werden. Diese können sich auch Notizen machen, die sie in die Reflexion einbringen (s. Impulse zur Reflexion). Falls sinnvoll, entsprechendes Formular zum Ausfüllen vorbereiten.

Falls sinnvoll, nach jeder Runde kurz reflektieren und die wichtigsten Punkte ansprechen (Erfahrungen, Schwierigkeiten, Erfolge, Erkenntnisse).

Oft wird während der Übung diskutiert, ob das Ergebnis bereits erreicht ist. Dabei werden auch unterschiedliche Qualitätsansprüche deutlich.

Zu Variante B (Seil darf losgelassen werden): Hier könnte prinzipiell auch einer alleine die Aufgabe lösen, indem er das Seil auf den Boden legt und dort die Form bildet.

TN, die eine besondere Rolle eingenommen haben, eine konstruktive Rückmeldung geben: bei leitender Funktion *(verständlich, klar, souverän)*, bei unterstützender Funktion *(geduldig, partnerschaftlich, begleitend)*, bei besonderer Aufmerksamkeit *(achtsam, konzentriert, beobachtend)* ...

Impulse zur Reflexion
Die TN zunächst nach ihrem Befinden und nach ihrer Erfahrung fragen. Mögliche Fragen: s. Kap. A.1

Impulse zum Transfer

– Wann, wo kommen ähnliche Situationen oder Verhaltensmuster vor?
– Welche Erfahrungen lassen sich in den Alltag übertragen?
– Was lässt sich daraus lernen?

Mögliche Antworten:

Sich einstimmen, sich abstimmen, an einem Strang ziehen, Strategie entwickeln, Projektarbeit, zielführend handeln, Rückmeldung geben und annehmen, Zielkonflikt, sich einfügen, sich einordnen, Prozess, Entscheidungsprozess, Qualitätsstandards, Qualitätskontrolle, System, Teil eines Systems sein; das Ganze ist mehr als die Summe seiner Teile, sich auf andere einstellen, sich auf andere verlassen, Vertrauen, vertrauenswürdig sein, verlässlich sein

Literatur

Birnthaler M. 2014: 134 (Der blinde Mathematiker)
Jones A. 1999: 117 (Blind Square)
Heckmair B. 2008: 68 (Zweimal Fünf Ecken)
König S. 2014: 102 (Blind geometrische Figuren bilden)
Rachow A. (Hg.) 2012: 103 (Figuren bilden)

S.22   Stille Post: Pantomime

Thema: Kommunikation

Worum es geht: sich nacheinander eine Szene vorspielen und beobachten, was am Ende dabei herauskommt

Worauf es zielt: erleben, wie mehrdeutig scheinbar „eindeutige" Botschaften sein können

Geeignet für folgende Situation

Für eine Gruppe, die sich bereits kennt; im Laufe einer Veranstaltung; nach einer Pause, als Einstieg in das entsprechende Thema

Ablauf und Abfolge

1. Die Gruppe verlässt den Raum. Zurück bleiben 2–3 Personen: SL, TN 1, möglicherweise Beobachter
2. Eine Szene ausdenken und TN 1 *(Zuschauer 1)* stumm vorspielen. Keiner spricht, TN 1 schaut nur zu
3. Den nächsten TN (TN 2) hereinholen. TN 1 *(Darsteller 1)* spielt ihm die gleiche Szene vor, so wie er sich daran erinnert
4. Den nächsten TN (TN 3) hereinholen. TN 2 *(Darsteller 2)* spielt ihm die gleiche Szene vor, so wie er sich daran erinnert
5. Dies geht so weiter, bis alle TN einmal an der Reihe waren und wieder im Raum versammelt sind
6. Am Ende spielt der letzte TN die Szene vor, so wie er sich daran erinnert
7. Zunächst alle raten lassen, was die Szene darstellen könnte
8. Das Original nochmals vorspielen
9. Erneut alle raten lassen, was die Szene darstellen könnte
10. Erst dann die Lösung mitteilen und die verschiedenen Runden reflektieren

Was zu beachten ist

– Der Zuschauer darf weder sprechen noch nachfragen
– Andere Varianten mit jeweils einer neuen Geschichte durchführen
– Die Reflexion möglicherweise in Stufen vorbereiten: Zunächst paarweise, dann innerhalb einer Kleingruppe, dann erst im Plenum

Varianten

A. Es läuft eine Filmkamera. Zum Schluss alle Sequenzen vorspielen
B. Der Zuschauer darf sprechen, jedoch nur mit anderen TN, die sich im Raum befinden, *nicht* mit dem Darsteller
C. Der Zuschauer darf beim Darsteller nachfragen (nur geschlossene Fragen: Ja oder Nein?)

Dauer
- Flexibel, abhängig von der Aufgabe, Anzahl der TN und der Varianten
- Mind. 3 Min. je TN & Reflexion

Raum
- Innen oder im Freien
- Größere freie Fläche, Stolperfallen entfernen (Taschen, Flaschen ...)
- Halber Stuhlkreis; in der Mitte ein Stuhl für den Zuschauer, freie Fläche für den Darsteller

Vorbereitung
- ✓ Szenen oder Situationen ausdenken: Berufsleben, Studienalltag, Arztbesuch, Autopanne mit Reifenwechsel, Tagesbeginn mit typischen Ritualen ...
- ✓ Bei Bedarf Filmkamera, Beamer
- ✓ Raum richten
- ✓ Anleitung visualisieren (Tafel, Pinwand, Projektor ...)

TN-Zahl, Gruppierung
- Ideal: 8–12
- Plenum

Tempo, Stimmung
Ruhig, konzentriert, zunehmend heiter

Vorteil, Stärke, Chancen
- Genau hinschauen
- Kommunizieren (non-verbal)
- Präzise fragen, verständlich antworten (falls erlaubt)
- Körpersprache, Ausdrucksstärke, Spontaneität üben
- Sich in andere (Nicht-Wissende) hineinversetzen, sich einfühlen, Empathie
- Über seinen Schatten springen, über sich selbst lachen können
- Verschiedene Rollen ausprobieren

- Kooperieren
- Umgang mit Konflikten, Konflikte lösen
- Humorvoll sein, über sich selbst lachen können
- Spontan reagieren
- Erleben, wie mehrdeutig scheinbar „eindeutige" Botschaften sein können
- Erfahren, wie wichtig Fragen und Rückmeldungen sind
- Die klärende Rolle der Sprache erfahren
- In kurzer Zeit anschauliche Bei-Spiele erhalten und diese später grundsätzlich reflektieren

Nachteil, Schwäche, Risiko

- Es können Konflikte entstehen (*Das hast Du uns nicht gezeigt! Das hast Du anders dargestellt ...*)
- Darsteller kann Schuldgefühle entwickeln (*Das habe ich falsch verstanden! Das habe ich nicht richtig vorgespielt ...*)
- Schüchterne TN können gehemmt sein

Hinweise, Tipps

Beobachter können mit darauf achten, dass die Spielregeln eingehalten werden und sich Notizen machen, die sie in die Reflexion einbringen (s. Impulse zur Reflexion). Falls sinnvoll, entsprechendes Formular zum Ausfüllen vorbereiten.

Unterschiedliche Versionen miteinander vergleichen. Bei Filmaufnahmen diese gemeinsam ansehen und analysieren: *Welche Information ist wo und wann verloren gegangen oder hinzugekommen?*

Konflikte auf konstruktive Weise in die Reflexion einbeziehen. Besonders Missverständnisse sind wertvolles Material! Darsteller daher von Schuldgefühlen entlasten.

Bei der Reflexion darauf achten, dass keine Schuldigen gesucht werden (*A hat ..., B hat nicht ...*)

Die Übung zeigt, wie schnell Missverständnisse entstehen. Zu Beginn ist sich der Darsteller meist sicher, dass die Botschaft eindeutig ist und klar rüberkommt (*Das liegt doch auf der Hand ...*)

Das künstliche „Sprechverbot" zeigt, wie wichtig die Sprache ist: Rückfragen, Rückmelden ... (*Wie habt Ihr das verstanden? Wie hast Du das gemeint? Kannst Du das noch mal erklären?*)

Impulse zur Reflexion
Die TN zunächst nach ihrem Befinden und nach ihrer Erfahrung fragen.
Mögliche Fragen: s. Kap. A.1

Impulse zum Transfer
– Wann, wo kommen ähnliche Situationen oder Verhaltensmuster vor?
– Welche Erfahrungen lassen sich in den Alltag übertragen?
– Was lässt sich daraus lernen?

Mögliche Antworten:
Körpersprache im Alltag, filtern, interpretieren, blinder Fleck, „jeder sieht nur das, was er eh schon weiß"; wie schnell Missverständnisse entstehen; die Bedeutung von Sprache (Rückmelden, Nachfragen ...); Verständnis sicherstellen, die verschiedenen Seiten einer Botschaft (Sender – Empfänger); Teil eines Systems sein, Projektarbeit, sich auf andere verlassen

Literatur
Wallenwein G. 2013: 232 (Pantomime)

S.23 Stille Post: Tangram

Thema: Kommunikation

Worum es geht: der Gruppe eine Figur vermitteln, die die Gruppe nicht sieht (Elemente von „Tangram")

Worauf es zielt: erleben, wie mehrdeutig scheinbar „eindeutige" Botschaften sein können

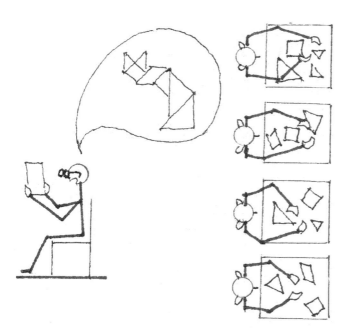

Geeignet für folgende Situation

Für eine Gruppe, die sich bereits kennt; im Laufe einer Veranstaltung; als Einstieg in das entsprechende Thema

Ablauf und Abfolge

1. Ein einzelner TN *(Sprecher)* sitzt mit Abstand vor der Gruppe *(Zuhörer)*
2. Die Zuhörer sitzen dem Sprecher gegenüber, jeweils separat an einem Tisch (ideal: kleine Einzeltische). Die Zuhörer dürfen nicht sprechen
3. Vor jedem Zuhörer liegt ein Tangram-Set auf einer Unterlage. Jeder breitet alle dazugehörigen Elemente vor sich aus
4. Der Sprecher erhält ein Bild mit einer Figur (Beispiele s. Abb. S.23.2, Abb. S.23.3 und Abb. S.23.4); die Gruppe kann diese nicht sehen
5. Der Sprecher beschreibt der Gruppe die Figur („Botschaft")
6. Jeder Zuhörer setzt die Figur so zusammen, wie er es nach der Beschreibung des Sprechers versteht. Die Elemente auf die Unterlage legen
7. Der Sprecher beendet seine Botschaft, wenn er meint, dass alles gesagt ist
8. Am Schluss die Ergebnisse auf den Unterlagen einsammeln, auslegen oder aufhängen
9. Die TN oder Teams präsentieren und erläutern ihre jeweiligen Produkte
10. Erst danach die Lösung aufdecken
11. Anschließend Reflexion

Runde 1: Ein TN (Sprecher 1) sitzt vor der Gruppe, ihr zugewandt. Die Zuhörer dürfen keine Reaktionen zeigen und nicht miteinander sprechen. Am Ende die Ergebnisse einsammeln. Das Original noch nicht zeigen.

Runde 2: Ein TN (Sprecher 2) sitzt vor der Gruppe. Jeder Zuhörer darf eine Frage stellen. Am Ende die Ergebnisse einsammeln. Das Original noch nicht zeigen.

Was zu beachten ist

– Der Sprecher darf das Original nicht zeigen
– Die jeweiligen Ergebnisse nach Möglichkeit auf der Unterlage fixieren. Ideal: Magnetische Figuren aus Metall. Sonst mit Klebestreifen
– Die jeweiligen Ergebnisse am Schluss gut sichtbar und geordnet auslegen oder aufhängen (auf Tischen, Pinwand ...)
– Ergebnisse am Ende übersichtlich darstellen und vergleichen: Einzelne Runden, Varianten. Dafür eine Tabelle vorbereiten (Tafel, Pinwand, Projektor ...)
– Die Reflexion möglicherweise in Stufen vorbereiten: Zunächst paarweise, innerhalb einer Kleingruppe, dann im Plenum

Varianten

A. Der Sprecher sitzt mit dem Rücken zur Gruppe, alternativ hinter einer Pin- oder Stellwand. Die Zuhörer dürfen weder rückfragen noch Reaktionen zeigen

B. In jeder Runde bleibt derselbe TN in der Rolle des Sprechers. Somit kann er die Unterschiede aus seiner Sicht vergleichen
C. In jeder Runde gibt es eine andere Figur
D. Zuhörer sitzen im Halbkreis, haben also Blickkontakt
E. Zuhörer dürfen sprechen, jedoch nur untereinander
F. Zuhörer dürfen sprechen und den Sprecher beliebig oft fragen
G. Jeweils 2 Zuhörer arbeiten im Team
H. Es gibt Beobachter, die sich aufschreiben, was ihnen auffällt: Was war für die Verständigung hinderlich, was war förderlich
I. Aufteilung in Dreiergruppen: Ein TN beschreibt die Figur *(Sprecher)*, ein TN legt sie auf *(Zuhörer)*, ein TN beobachtet den Prozess *(Beobachter)*. Sprecher und Zuhörer sitzen Rücken an Rücken. Rollenwechsel, bis alle einmal dran waren
J. Aufteilung in Dreiergruppen: 2 TN beschreiben die Abbildung *(2 Sprecher)*, ein TN legt sie auf *(1 Zuhörer)*. Sprecher und Zuhörer sitzen Rücken an Rücken.
K. Aufteilung in Dreiergruppen: ein TN beschreibt die Abbildung *(1 Sprecher)*, 2 TN legen sie auf *(2 Zuhörer)*. Sprecher und Zuhörer sitzen Rücken an Rücken.
L. Zeitlimit vorgeben
M. Figur: Die Tangrams zu einem Quadrat zusammensetzen (ursprünglicher Zustand)

N. Lego-(Duplo-)Steine (statt Tangrams) verwenden: Sprecher be-schreibt ein bestimmtes Gebilde, das das Team nicht sieht. Die Zuhörer oder Teams bauen dieses Gebilde aufgrund der Be-schreibung nach (jeweils ca. 5–8 Steine, verschiedene Farben)

Dauer
– Flexibel, abhängig von der Aufgabe, Anzahl der TN und Varianten
– Mind. 20 Min. & Reflexion

Raum
– Mehrere Tangram-Spiele: Jeweils ein Set aus geometrischen Elementen („Tangrams“). Ideal: magnetische Elemente, die auf einer Metallplatte haften. Alternativ die Elemente aus Karton ausschneiden (Beispiele s. Abb. S.23.1)
– Pro Tangram-Spiel eine Unterlage (Metallplatte oder Karton)
– Größere freie Fläche
– Einzeltische, je nach Variante angeordnet: frontal, Halbkreis, Kleingruppen
– Möglicherweise Zweiteilung des Raums (Pin- oder Stellwand), dahinter: ein Stuhl für den Sprecher
– Visualisierungsfläche (Tafel, Pinwand, Whiteboard, Metall-schiene …) mit Schreibmaterial und Befestigungselementen

Vorbereitung
✓ Tangram-Figuren, Unterlagen
✓ Falls Karton: mit Klebestreifen
✓ Lösungsblätter der Figuren (als Beilage in den Spielen; Beispiele s. Abb. S.23.2, Abb. S.23.3 und Abb. S.23.4)
✓ Stoppuhr
✓ Visualisierungsfläche richten (Tafel, Pinwand …)
✓ Raum richten
✓ Anleitung visualisieren (Tafel, Pinwand, Projektor …)

TN-Zahl, Gruppierung
- Ideal: 8–12
- Plenum

Tempo, Stimmung
Langsam, ruhig, konzentriert, heiter

Vorteil, Stärke, Chancen
- Kommunizieren, genau zuhören, präzise sprechen
- Präzise fragen, verständlich antworten (falls erlaubt)
- Präsentieren, Rhetorik, Spontaneität üben
- Sich in andere (Nicht-Wissende) hineinversetzen, sich einfühlen, Empathie
- Humorvoll bleiben, über sich selbst lachen können
- Ruhe bewahren, ausdauernd sein
- Geduldig sein, gelassen bleiben
- Verschiedene Rollen ausprobieren
- Kooperieren
- Umgang mit Konflikten, Konflikte lösen
- Humorvoll sein, über sich selbst lachen können
- Erleben, wie mehrdeutig scheinbar „eindeutige" Botschaften sein können
- Erfahren, wie wichtig Fragen und Rückmeldungen sind (zweiseitig kommunizieren)
- Die klärende Rolle der Sprache erfahren
- In kurzer Zeit anschauliche Bei-Spiele erhalten und diese später grundsätzlich reflektieren

Nachteil, Schwäche, Risiko
- Es können Konflikte entstehen *(Das hast Du uns nicht gesagt ...)*
- Sprecher kann Schuldgefühle entwickeln *(Das habe ich nicht gut genug erklärt ...)*

Hinweise, Tipps

Beobachter können mit darauf achten, dass die Spielregeln eingehalten werden und sich Notizen machen, die sie in die Reflexion einbringen (s. Impulse zur Reflexion). Falls sinnvoll, entsprechendes Formular zum Ausfüllen vorbereiten.

Konflikte auf konstruktive Weise in die Reflexion einbeziehen. Besonders Missverständnisse sind wertvolles Material! Dabei die Sprecher von Schuldgefühlen entlasten.

Bei der Reflexion darauf achten, dass keine Schuldigen gesucht werden *(A hat ..., B hat nicht ...)*.

Die Übung zeigt, wie schnell Missverständnisse entstehen. Zu Beginn ist sich der Sprecher meist sicher, dass die Botschaft eindeutig ist und klar ankommt *(Es liegt doch auf der Hand ...)*.

Das künstliche „Sprechverbot" der Zuhörer zeigt, wie wichtig Rückfragen und Rückmeldungen sind *(Wie hast Du das gemeint? Kannst Du das noch mal erklären?)*.

Möglicherweise nach jeder Runde eine kurze Zwischenreflexion einbauen und die wichtigsten Punkte durchsprechen (Erfahrungen, Schwierigkeiten, Erfolge, Erkenntnisse).

Die Ergebnisse am Ende so auslegen oder aufhängen, dass sie für alle sichtbar werden und ein Vergleich möglich ist (Tischfläche, Tafel, Pinwand, Whiteboard, Metallschiene ...).

Varianten vergleichen: Was war anders? (Prozess, Verlauf, Ergebnis).

Die verschiedenen Ergebnisse zunächst von den TN oder Teams präsentieren und erläutern lassen. Die Spannung möglichst lange aufrechterhalten; erst am Ende die Lösung (das Original) aufdecken.

Impulse zur Reflexion

Die TN zunächst nach ihrem Befinden und nach ihrer Erfahrung fragen. Mögliche Fragen: s. Kap. A.1

Impulse zum Transfer
– Wann, wo kommen ähnliche Situationen oder Verhaltensmuster vor?
– Welche Erfahrungen lassen sich in den Alltag übertragen?
– Was lässt sich daraus lernen?

Mögliche Antworten:
Wie schnell Missverständnisse entstehen; die Illusion, dass es „auf der Hand liegt"; Vortrag, Meetings; anschaulich darstellen; einen Weg erklären, eine Aufgabe beschreiben, eindeutig anweisen, Risikokommunikation, die Bedeutung von Rückmeldung und Nachfragen; Ergebnis sicherstellen, die verschiedenen Seiten einer Botschaft (Sender – Empfänger), 2-seitige und 1-seitige Kommunikation

Literatur
Antons K. 1975: 117f (Quadrat-Übung-Dimensionen der Kooperation)
Baer U. 2011: 229 (Lego nachbauen)
Brocher T. 1967: 160f (Dimensionen der Kooperation, Quadratteile)
Kirsten RE & Müller-Schwarz J. 2008: 60f (Spiel der Stummen)
Pfeiffer JW. & Jones JE. 1974, Bd.1: 35 (Die Quadrate); 1976, Bd. 2: 46f (Planungsaufgabe-Quadrat aus Kartonteilen)
Rachow A. (Hg.) 2000: 109 (Tangram)
Wallenwein G. 2013: 100 (Tangram)

Tangram-Bausteine

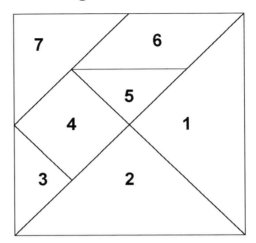

Abb. S.23.1: Tangram: Bausteine – Überblick

Abb. S.23.2: Tangram: Figur „Hase"

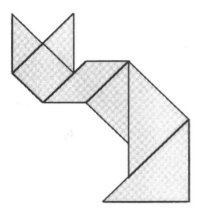

Abb. S.23.3: Tangram: Figur „Katze"

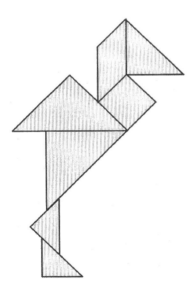

Abb. S.23.4: Tangram: Figur „Storch

S.24 Stille Post: Was ist Realität?

Thema: Kommunikation
Worum es geht: dem Anderen eine Grafik beschreiben, die dieser nicht sieht. Es gibt zwei mögliche Sichtweisen, die sich widersprechen
Worauf es zielt: erleben, wie mehrdeutig scheinbar „eindeutige" Botschaften sein können

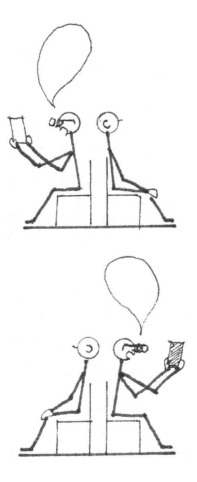

Geeignet für folgende Situation

Variabel

Möglicher Einstieg zum Thema Kommunikation

Ablauf und Abfolge

1. 2 Gruppen bilden: A und B. Diese mit Abstand im Raum platzieren
2. In jeder Gruppe Paare bilden: Sprecher und Zuhörer
3. Beide sitzen jeweils Rücken an Rücken
4. Die Sprecher erhalten je eine Grafik (s. Abb. S.24.1)
5. Gruppe A. Sprecher erhalten dazu folgende Anweisung:
   Beschreiben Sie das Bild nach folgenden Aspekten:
   - Eine junge Dame
   - Feder im Haar
   - Tuch um den Kopf
   - Pelz auf den Schultern
   - Halskette
   - Dekolleté
   - lange Wimpern
   - kleine Nase
   - Dunkles Haar
   - Blickt zurück

   Gruppe B. Sprecher erhalten dazu folgende Anweisung:
   Beschreiben Sie das Bild nach folgenden Aspekten:
   - Eine alte Frau
   - Feder im Haar
   - Helles Kopftuch
   - Pelz um die Schultern
   - Schmale Lippen
   - Lange, krumme Nase
   - Langes, spitzes Kinn
   - Vermutlich zahnlos
   - Dunkles Haar
   - Blickt nach unten
   - Ansicht von der Seite

Nachdem die Zeit abgelaufen ist (nach ca. 3–5 Minuten):

6. Sprecher verstummt
7. Zuhörer schließt die Augen, um sich das Bild noch einmal genau vorzustellen: *Was sehe ich vor meinem inneren Auge? Wie alt schätze ich die Frau?* (ca. ½ Minute)
8. Nun notiert der Zuhörer seine Antwort: Wie alt schätzt er die Frau?
9. Danach zeigt der Sprecher die Grafik
10. Nun notiert der Zuhörer seine Antwort nochmals: Wie alt schätzt er die Frau?
11. Die Antworten notieren (zunächst auf Papier, dann an Tafel)
12. Gespräch im Plenum
13. Erst ganz am Schluss die Pointe aufdecken: Antworten der beiden Gruppen vergleichen, Grafik allen zeigen

Was zu beachten ist
- Beide Gruppen (A, B) mit großem Abstand im Raum platzieren, z. B. in 2 Raumecken
- Zwischen den Paaren viel Platz lassen, damit diese sich nicht gegenseitig ablenken
- Der Zuhörer darf weder sprechen noch nachfragen
- Die Reflexion möglicherweise in Stufen vorbereiten: Zunächst paarweise, in einer Kleingruppe, dann im Plenum
- Tabelle mit den Antworten der Zuhörer: Zunächst für die Gruppe unsichtbar, verdeckt auflisten; erst am Schluss aufdecken und zeigen
- Grafik: Erst ganz am Schluss aufdecken; *Überraschung!* (möglichst vergrößert: Tafel, Pinwand, Projektor …)

Varianten
A. Auch Sprecher nach dem Alter der Frau fragen. Tabelle dafür vorbereiten (Papier, Tafel)
B. Sprecher beschreibt die Grafik, ohne sie anschließend dem Zuhörer zu zeigen. Erst im Plenum wird die Grafik für alle aufgedeckt. *Überraschung!*
C. Beide Gruppen nacheinander, nicht gleichzeitig: Gruppe A beginnt, Gruppe B hört zu, ohne die Grafik zu sehen. Danach Gruppenwechsel. Erst im Plenum wird die Grafik für alle aufgedeckt. Überraschung: es war die gleiche Grafik!

D. Nur 2 Paare bilden: Paar A und Paar B. Jedes Paar sitzt Rücken an Rücken vor dem Plenum. Dieses hört zu und beobachtet. Gleicher Ablauf. Zuerst kommt Paar A dran, danach Paar B

Dauer
Pro Beschreibung: 3–5 Minuten & Austausch, Reflexion

Raum
– Beide Gruppen (A, B) mit großem Abstand platzieren
– Innerhalb einer Gruppe: Stühle paarweise Rücken an Rücken stellen
– Danach: Stuhlkreis

Vorbereitung
✓ Bildmotiv besorgen (s. Abb. S.24.1); 1 je Paar in Postkartenformat; 1 × vergrößert
✓ Formular mit Tabelle (Papier): Antworten zunächst für die Gruppe verdeckt notieren
✓ Große Tabelle vorbereiten (Tafel, Pinwand, Projektor ...): Antworten der Zuhörer (geschätztes Alter) auflisten, separat nach Gruppen

TN-Zahl, Gruppierung
– Ideal: 8–12 (gerade Zahl)
– Paare; Plenum

Tempo, Stimmung
Langsam, ruhig, konzentriert; später auch lebhaft, heiter

Vorteil, Stärke, Chancen

- Kommunizieren
- Genau zuhören
- Präzise sprechen
- Sich in andere (Nicht-Wissende) hineinversetzen, sich einfühlen, Empathie
- Sich konzentrieren, präsent sein
- Humorvoll sein, über sich selbst lachen können
- Erleben, wie mehrdeutig scheinbar „eindeutige" Botschaften sein können
- Erfahren, wie wichtig Fragen und Rückmeldungen sind (zweiseitig kommunizieren)
- In kurzer Zeit ein anschauliches Bei-Spiel erhalten, um das Thema später grundsätzlich zu reflektieren

Nachteil, Schwäche, Risiko

- Bildmotiv könnte bereits bekannt sein, so dass die Pointe verloren geht
- Es können Konflikte entstehen *(Das hast Du nicht gesagt! Das hast Du anders formuliert ...)*
- Sprecher kann Schuldgefühle entwickeln *(Das habe ich unklar ausgedrückt oder vergessen)*
- Großer Geräuschpegel

Hinweise, Tipps

Die eigentliche Pointe: Beide Versionen sind richtig! Je nach Sichtweise sieht man entweder eine junge oder eine alte Frau.

Die Spannung möglichst lange aufrechterhalten: Widersprüche aushalten und reflektieren. Erst am Ende die Lösung (das Original) aufdecken.

Konflikte auf konstruktive Weise in die Reflexion einbeziehen. Besonders Missverständnisse sind wertvolles Material! Sprecher in dem Fall von Schuldgefühlen entlasten.

Bei Bedarf Beobachter einsetzen: Diese können mit darauf achten, dass die Spielregeln eingehalten werden und sich Notizen machen, die sie in die Reflexion einbringen (s. Impulse zur Reflexion). Falls sinnvoll, entsprechendes Formular zum Ausfüllen vorbereiten.

Bei der Reflexion darauf achten, dass keine Schuldigen gesucht werden *(A hat ..., B hat nicht ...)*

Reflexion im Plenum: Die verschiedenen Ergebnisse zunächst von den TN oder Paaren präsentieren und erläutern lassen. Erst ganz am Schluss die Lösung aufdecken.

Impulse zur Reflexion

Die TN zunächst nach ihrem Befinden und nach ihrer Erfahrung fragen. Mögliche Fragen: s. Kap. A.1

Impulse zum Transfer

- Wann, wo kommen ähnliche Situationen oder Verhaltensmuster vor?
- Welche Erfahrungen lassen sich in den Alltag übertragen?
- Was lässt sich daraus lernen?

Mögliche Antworten:
Was ist Realität? Verschiedene Wirklichkeiten (außen – innen; meine – Deine). Wie schnell Missverständnisse entstehen; Suggestion, Manipulation, Gerüchteküche: So schnell entstehen Gerüchte! Es ist eine Illusion, dass es doch klar ist und „auf der Hand liegt". Die verschiedenen Seiten einer Botschaft (Sender – Empfänger), 2-seitige und 1-seitige Kommunikation

Literatur

Antons K. et al. 1971: 50f (Soziale Wahrnehmung)
Antons K. et al. 1975: 49f (Wahrnehmung, Informationsvermittlung).
Brocher T. 1967: 151f (Wahrnehmung und Übermittlung von Informationen). Dort Verweis auf die Originalquelle der Grafik:
Hill WE.: *My Wife and My Mother- in-law.* Puck 1915. Davor war bereits ein ähnliches Motiv als anonyme Postkarte in Deutschland erschienen (1888)! Erstmals wissenschaftlich publiziert von Boring EG. 1930
Leavitt HJ.1972: 22f

Abb. S.24.1: Bild einer Dame. Was sehen Sie? Nach Hill W.E. 1915, in: Boring EG. 1930

S.25 Stille Post: Zeichnen

Thema: Kommunikation
Worum es geht: der Gruppe eine Grafik vermitteln, die diese nicht sieht
Worauf es zielt: erleben, wie mehrdeutig scheinbar „eindeutige" Botschaften sein können

Geeignet für folgende Situation

Für eine Gruppe, die sich bereits kennt; im Laufe einer Veranstaltung; als Einstieg in das entsprechende Thema

1,2,3, →

Ablauf und Abfolge

1. Ein TN (*Sprecher*) sitzt mit Abstand vor der Gruppe
2. Die restlichen TN (*Zuhörer*) sitzen dem Sprecher gegenüber, jeweils separat an einem Tisch (ideal: kleine Einzeltische). Die Zuhörer dürfen nicht sprechen
3. Vor jedem Zuhörer liegt ein Blatt und ein Filzstift
4. Der Sprecher erhält eine Abbildung mit einer geometrischen Figur (Beispiele s. Abb. S.25.1). Die Gruppe kann diese Figur nicht sehen
5. Der Sprecher beginnt, die Figur zu beschreiben (*Botschaft*)
6. Jeder Zuhörer zeichnet die Figur für sich nach, so, wie er es nach der Beschreibung des Sprechers versteht
7. Der Sprecher beendet seine Botschaft, wenn er meint, dass alles gesagt ist
8. Am Schluss die Ergebnisse auslegen oder aufhängen
9. Die TN oder Teams präsentieren und erläutern ihre jeweiligen Produkte
10. Erst dann die Lösung aufdecken
11. Anschließend Reflexion

Runde 1: Ein TN (Sprecher 1) sitzt vor der Gruppe. Die Zuhörer dürfen keine Reaktionen zeigen und nicht sprechen. Am Ende die Zeichnungen einsammeln. Das Original noch nicht zeigen
Runde 2: Ein anderer TN (Sprecher 2) sitzt vor der Gruppe und erklärt die gleiche Abbildung. Die Zuhörer dürfen mit ihm sprechen und nachfragen. Am Ende die Zeichnungen einsammeln. Das Original noch nicht zeigen

Was zu beachten ist

- Der Sprecher darf das Original nicht zeigen
- Die Zeichnungen, die nach jeder Runde eingesammelt werden, entsprechend sortieren, um sie später zuordnen zu können: Runde 1, Runde 2 ...
- Die Zeichnungen am Schluss gut sichtbar und geordnet auslegen oder aufhängen

– Ergebnisse am Ende übersichtlich darstellen und vergleichen: Einzelne Runden, Varianten. Dafür eine Tabelle vorbereiten (Tafel, Pinwand, Projektor ...)
– Die Reflexion möglicherweise in Stufen vorbereiten: Zunächst paarweise, in einer Kleingruppe, dann im Plenum

Varianten

A. Der Sprecher sitzt mit dem Rücken zur Gruppe oder hinter einer Pin- oder Stellwand. Die Zuhörer dürfen weder nachfragen noch Reaktionen zeigen
B. In jeder Runde bleibt derselbe TN in der Rolle des Sprechers. Somit kann er die Unterschiede aus seiner Sicht vergleichen
C. In jeder Runde gibt es eine andere Abbildung
D. Zuhörer dürfen sprechen, jedoch nur untereinander
E. Zuhörer sitzen im Halbkreis, haben also miteinander Blickkontakt
F. Jeweils 2 Zuhörer arbeiten im Team
G. Es gibt Beobachter, die sich notieren, was ihnen auffällt (was hat die Aufgabe erschwert, was hat geholfen)
H. Aufteilung in Dreiergruppen: Ein TN beschreibt die Abbildung *(Sprecher)*, ein TN zeichnet *(Zuhörer)*, ein TN beobachtet den Prozess *(Beobachter)*. Sprecher und Zuhörer sitzen Rücken an Rücken. Rollenwechsel, bis alle einmal dran waren
I. Aufteilung in Dreiergruppen: 2 TN beschreiben die Abbildung *(2 Sprecher)*, 1 TN zeichnet *(1 Zuhörer)*. Sprecher und Zuhörer sitzen Rücken an Rücken
J. Aufteilung in Dreiergruppen: 1 TN beschreibt die Abbildung *(1 Sprecher)*, 2 TN zeichnen *(2 Zuhörer)*. Sprecher und Zuhörer sitzen Rücken an Rücken
K. Zeitlimit vorgeben (Stoppuhr ...)
L. Der Sprecher erhält eine Zeichnung mit einem Gegenstand (Haus, Boot, Stuhl ...), den er nicht verraten darf. Der Sprecher beginnt, die Figur zu beschreiben. Dabei nur geometrische Formen verwenden (Quadrat, Dreieck, Kreis ...). Der Zuhörer hat die Aufgabe, den Begriff anhand dieser Beschreibung zu zeichnen und dann zu erraten, um was es sich handelt

Dauer
- Flexibel, abhängig von der Aufgabe, Anzahl der TN und der Varianten
- Mind. 15 Min. & Auswertung, Reflexion

Raum
- Innen; ruhige Umgebung
- Größere freie Fläche
- Zweiteilung (Pin- oder Stellwand). Vorne: Verteilte Einzeltische, die je nach Variante angeordnet sind: Frontal, Halbkreis oder Kleingruppen. Hinten: Ein Tisch mit Stuhl
- Visualisierungsfläche (Tafel, Pinwand, Whiteboard, Metallschiene …) mit Schreibmaterial und Befestigungselementen

Vorbereitung
- ✓ Abbildungen aus verschiedenen geometrischen Formen (Beispiele s. Abb. S.25.1)
- ✓ Pro TN: Papier (Din A4, möglichst kariert), ein Filzschreiber
- ✓ Bei Bedarf Stoppuhr
- ✓ Raum richten
- ✓ Anleitung visualisieren (Tafel, Pinwand, Projektor …)
- ✓ Visualisierungsfläche, um die Ergebnisse und das Original zeigen zu können (Tafel, Pinwand …)

TN-Zahl, Gruppierung
- Ideal: 8–12
- Plenum

Tempo, Stimmung
Langsam, ruhig, konzentriert, heiter

Vorteil, Stärke, Chancen

- Kommunizieren, genau zuhören, präzise sprechen
- Präzise fragen, verständlich antworten (falls erlaubt)
- Präsentieren, Rhetorik, Spontaneität üben
- Sich in andere (Nicht-Wissende) hineinversetzen, sich einfühlen, Empathie
- Verschiedene Rollen ausprobieren
- Leiten, sich leiten lassen
- Kooperieren
- Umgang mit Konflikten und Problemen
- Humorvoll sein, über sich selbst lachen können
- Ruhe bewahren, gelassen bleiben
- Belastbar und geduldig sein
- Erleben, wie mehrdeutig scheinbar „eindeutige" Botschaften sein können
- Erfahren, wie wichtig Fragen und Rückmeldungen sind (zweiseitig kommunizieren)
- In kurzer Zeit anschauliche Bei-Spiele erhalten und diese später grundsätzlich reflektieren

Nachteil, Schwäche, Risiko

- Es können Konflikte entstehen *(Das hast Du uns nicht gesagt ...)*
- Sprecher kann Schuldgefühle entwickeln *(Das habe ich nicht gut genug erklärt ...)*

Hinweise, Tipps

Beobachter können mit darauf achten, dass die Spielregeln eingehalten werden und sich Notizen machen, die sie in die Reflexion einbringen (s. Impulse zur Reflexion). Falls sinnvoll, entsprechendes Formular zum Ausfüllen vorbereiten.

Konflikte auf konstruktive Weise in die Reflexion einbeziehen. Besonders Missverständnisse sind wertvolles Material! Dabei die Sprecher von Schuldgefühlen entlasten.

Bei der Reflexion darauf achten, dass keine Schuldigen gesucht werden *(A hat ..., B hat nicht ...).*

Die Übung zeigt, wie schnell Missverständnisse entstehen. Zu Beginn ist sich der Sprecher meist sicher, dass die Botschaft eindeutig ist und klar rüberkommt *(Das liegt doch auf der Hand).*

Das künstliche „Sprechverbot" der Zuhörer zeigt, wie wichtig Rückfragen und Rückmeldungen sind *(Wie hast Du das gemeint? Kannst Du das noch mal erklären?).*

Falls sinnvoll, nach jeder Runde eine kurze Zwischenreflexion einbauen und die wichtigsten Punkte durchsprechen (Erfahrungen, Schwierigkeiten, Erfolge, Erkenntnisse).

Die Ergebnisse am Ende so auslegen oder aufhängen, dass sie für alle sichtbar werden und ein Vergleich möglich ist (Tischfläche, Tafel, Pinnwand, Whiteboard, Metallschiene ...).

Varianten vergleichen: Was war anders? (Prozess, Verlauf, Ergebnis).

Die verschiedenen Ergebnisse zunächst von den TN oder Teams präsentieren und erläutern lassen. Die Spannung möglichst lange aufrechterhalten; erst am Ende die Lösung (das Original) aufdecken.

Impulse zur Reflexion
Die TN zunächst nach ihrem Befinden und nach ihrer Erfahrung fragen.
Mögliche Fragen: s. Kap. A.1

Impulse zum Transfer
–   Wann, wo kommen ähnliche Situationen oder Verhaltensmuster vor?
–   Welche Erfahrungen lassen sich in den Alltag übertragen?
–   Was lässt sich daraus lernen?

Mögliche Antworten:
Wie schnell Missverständnisse entstehen; die Illusion, dass es doch „auf der Hand liegt"; Vortrag, Meetings; anschauliches Darstellen; einen Weg erklären, eine Aufgabe beschreiben, eindeutig anweisen; Risikokommunikation, die Bedeutung von Rückmeldung und Nachfragen; Ergebnis sicherstellen, die verschiedenen Seiten einer Botschaft (Sender – Empfänger), 2-seitige und 1-seitige Kommunikation

Literatur

Antons K. 1975: 73f (Einweg-Zweiweg-Kommunikation)

Baer U. 2011: 172 (Haargenau – Begriffe geometrisch aufmalen)

Brocher T. 1967: 142ff (Kommunikation); dort Verweis auf die Originalquelle: Leavitt HJ. 1972: 116f

Pfeiffer JW. & Jones JE. 1976, Bd. 2: 22f (Einweg- und Zweiweg-Kommunikation)

Rachow A. (Hg.) 2012: 99 (Kästchenspiel)

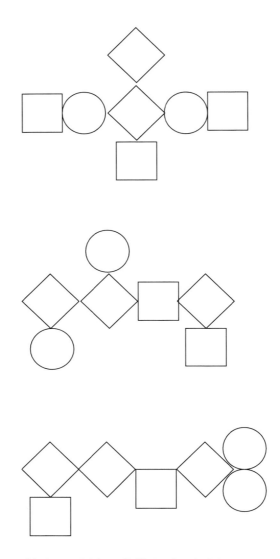

Abb. S.25.1: Zeichnen (Stille Post): Beispiele

S.26   Stille Post: Zeig doch mal!

Thema: Kommunikation

Worum es geht: dem Anderen ein Bild beschreiben, das dieser nicht sieht

Worauf es zielt: erleben, wie mehrdeutig scheinbar „eindeutige" Botschaften sein können

Geeignet für folgende Situation
Variabel
Möglicher Einstieg zum Thema

Ablauf und Abfolge
1. Paare mit je 2 TN bilden (Losverfahren)
2. Beide TN sitzen Rücken an Rücken
3. Rollen verteilen: Einer ist *Sprecher*, der andere *Zuhörer*
4. Sprecher erhält ein Bildmotiv: Landschaft; Foto oder Malerei (Beispiel: s. Abb. S.26.1)
5. Sprecher beschreibt das Bild dem Zuhörer, so lang und so detailliert wie möglich
6. Zuhörer: Ist stumm, darf keine Fragen stellen
Nachdem die Zeit abgelaufen ist (ca. 3–5 Minuten):
7. Sprecher verstummt
8. Zuhörer schließt die Augen, um sich das Bild noch einmal vorzustellen: *Was sehe ich vor meinem inneren Auge?* (ca. ½ Minute)
9. Erst danach: Beide drehen sich um, Sprecher zeigt das Bild.
10. Wie reagiert der Zuhörer? Überraschungseffekt?
11. Kurzer Austausch der beiden; dann Rollenwechsel
    Gleicher Ablauf, mit vertauschten Rollen und anderem Bildmotiv (s. 2–10)
12. Reflexion im Plenum

Was zu beachten ist
–   Zwischen den Paaren viel Platz lassen, damit sich diese nicht gegenseitig ablenken
–   Der Zuhörer darf weder sprechen noch nachfragen
–   Varianten mit jeweils einem neuen Bildmotiv durchführen
–   Die Reflexion möglicherweise in Stufen vorbereiten: Zunächst paarweise, in einer Kleingruppe, dann im Plenum

Variante

A. Der Zuhörer darf beim Sprecher nachfragen

Dauer

Pro Bildmotiv 3–5 Minuten & Austausch, Rollenwechsel, Reflexion

Raum

– Stühle stehen paarweise Rücken an Rücken
– Zwischen den Paaren: Abstand lassen
– Danach: Stuhlkreis

Vorbereitung

✓ Bildmotive besorgen (Postkarten, Landschaften)
✓ mind. 2 Bilder je Paar

TN-Zahl, Gruppierung

– Ideal: 8–12 (gerade Zahl)
– Paare; Plenum

Tempo, Stimmung

Langsam, ruhig, konzentriert; später auch lebhaft, heiter

Vorteil, Stärke, Chancen

– Kommunizieren
– Genau zuhören
– Präzise sprechen
– Falls erlaubt: Präzise fragen, verständlich antworten
– Sich in andere (Nicht-Wissende) hineinversetzen, sich einfühlen, Empathie
– Sich konzentrieren, präsent sein
– Verschiedene Rollen ausprobieren
– Humorvoll sein, über sich selbst lachen können
– Erleben, wie mehrdeutig scheinbar „eindeutige" Botschaften sein können

– Erfahren, wie wichtig Fragen und Rückmeldungen sind (zweiseitig kommunizieren)
– In kurzer Zeit anschauliche Bei-Spiele erhalten und diese später grundsätzlich reflektieren

Nachteil, Schwäche, Risiko
– Es können Konflikte entstehen (*Das hast Du nicht gesagt … Das hast Du anders formuliert …*)
– Sprecher kann Schuldgefühle entwickeln (*Das habe ich unklar ausgedrückt oder vergessen*)

Hinweise, Tipps
Varianten vergleichen: Was war anders? (Prozess, Verlauf, Ergebnis)
Dafür eine Tabelle vorbereiten (Tafel, Pinwand, Projektor …).

Konflikte auf konstruktive Weise in die Reflexion einbeziehen. Besonders Missverständnisse sind wertvolles Material! Sprecher in dem Fall von Schuldgefühlen entlasten.

Bei der Reflexion darauf achten, dass keine Schuldigen gesucht werden (*A hat …, B hat nicht …*).

Die Übung zeigt, wie schnell Missverständnisse entstehen. Zu Beginn ist sich der Sprecher meist sicher, dass die Botschaft eindeutig ist und klar rüberkommt (*Es liegt doch auf der Hand!*).

Das künstliche „Sprechverbot" der Zuhörer zeigt, wie wichtig Rückfragen und Rückmeldungen sind (*Wie hast Du das gemeint? Kannst Du das noch mal erklären?*).

Wichtig ist der Moment am Ende, wenn sich beide umdrehen und das Bild gezeigt wird. Gibt es eine Überraschung? In dem Fall können Paare später darüber berichten.

Bei Bedarf Beobachter einsetzen: Diese können mit darauf achten, dass die Spielregeln eingehalten werden und sich Notizen machen, die sie in die Reflexion einbringen (s. Impulse zur Reflexion). Falls sinnvoll, entsprechendes Formular zum Ausfüllen vorbereiten.

Bei Bedarf nach jeder Runde eine kurze Zwischenreflexion im Plenum einbauen und die wichtigsten Punkte durchsprechen (Erfahrungen, Schwierigkeiten, Erfolge, Erkenntnisse).

Reflexion im Plenum: Die verschiedenen Erlebnisse zunächst von den TN oder Paaren präsentieren und erläutern lassen.

Die Spannung möglichst lange aufrechterhalten: Widersprüche aushalten und reflektieren. Erst am Ende die Lösung (das betreffende Bildmotiv) aufdecken.

Impulse zur Reflexion

Die TN zunächst nach ihrem Befinden und nach ihrer Erfahrung fragen: *Was habe ich erlebt, erfahren? In der Rolle des Sprechers? In der Rolle des Zuhörers?*
Weitere mögliche Fragen: s. Kap. A.1

Impulse zum Transfer

- Wann, wo kommen ähnliche Situationen oder Verhaltensmuster vor?
- Welche Erfahrungen lassen sich in den Alltag übertragen?
- Was lässt sich daraus lernen?

Mögliche Antworten:
Wie schnell Missverständnisse entstehen; Gerüchteküche: So schnell entstehen Gerüchte! Es ist eine Illusion, dass es klar ist und „auf der Hand liegt". Verschiedene Wirklichkeiten (außen – innen; meine – Deine). Die Bedeutung von Rückmelden und Nachfragen; Ergebnis sicherstellen, die verschiedenen Seiten einer Botschaft (Sender – Empfänger), 2-seitige und 1-seitige Kommunikation

Literatur

Antons K. 1975: 73ff (Einweg-Zweiweg-Kommunikation)
Pfeiffer JW. & Jones JE. 1976, Bd. 2: 22ff (Einweg- und Zweiweg-Kommunikation)
Leavitt HJ. 1972: 116f
Die Übung wird bei einem Kommunikationstraining für Paare eingesetzt (s. Engl J. & Thurmaier F. 2012: 119ff)

Abb. S.26.1: Beispiel für ein Bildmotiv, das zu beschreiben ist.
Grafik: K. Brunner 2014

S.27 Stille Post: Zuhören

Thema: Kommunikation
Worum es geht: sich nacheinander eine Geschichte erzählen und beobachten, was am Ende dabei herauskommt
Worauf es zielt: erleben, wie mehrdeutig scheinbar „eindeutige" Botschaften sein können

Geeignet für folgende Situation

Für eine Gruppe, die sich bereits kennt; im Laufe einer Veranstaltung; als Einstieg in das entsprechende Thema

Ablauf und Abfolge

1. Die Gruppe verlässt den Raum. Zurück bleiben 2–3 Personen: SL, TN 1, möglicherweise Beobachter
2. SL und TN 1 sitzen sich gegenüber. SL liest TN 1 eine kurze Geschichte vor
3. Den nächsten TN (TN 2) hereinholen. TN 1 (*Sprecher 1*) erzählt diesem die Geschichte, so gut er sich daran erinnert. TN 2 hört still zu (*Zuhörer 2*)
4. Den nächsten TN (TN 3) hereinholen. TN 2 (*Sprecher 2*) erzählt diesem die Geschichte, so gut er sich daran erinnert. TN 3 hört still zu (*Zuhörer 3*)
5. Dies geht so weiter, bis alle TN einmal die Geschichte gehört haben und wieder im Raum versammelt sind
6. Zum Schluss erzählt der letzte TN die Geschichte, so gut er sie verstanden hat und sich daran erinnert
7. Danach liest der SL das Original im Plenum vor
8. Die Ergebnisse vergleichen und die verschiedenen Runden reflektieren

Was zu beachten ist

- Der Zuhörer darf weder sprechen noch nachfragen
- Andere Varianten mit jeweils einer neuen Geschichte durchführen
- Die Reflexion möglicherweise in Stufen vorbereiten: Zunächst paarweise, in einer Kleingruppe, dann im Plenum

Varianten

A. Es läuft eine Filmkamera (oder ein Aufnahmegerät). Zum Schluss die Sequenzen vorspielen und analysieren
B. Der Sprecher ist unsichtbar (hinter einer Pin- oder Stellwand, Rücken an Rücken)
C. Der Zuhörer darf sprechen, jedoch nur mit anderen TN, nicht mit dem Sprecher
D. Der Zuhörer darf beim Sprecher nachfragen

Dauer

- Flexibel, abhängig von der Aufgabe, Anzahl der TN und der Varianten
- Mind. 3 Min. je TN & Reflexion

Raum

- Größere freie Fläche, Stolperfallen entfernen (Taschen, Flaschen ...)
- Stuhlkreis, in der Mitte stehen sich zwei Stühle gegenüber
- Bei Bedarf Zweiteilung des Raums (Pin- oder Stellwand), dahinter ein Stuhl für den Sprecher

Vorbereitung

✓ Geschichte auswählen und kopieren
✓ Etwa 1 Seite lang; Lesedauer: ca. 2–3 Minuten. Gut ausgeschmückt, mit Handlungen, vielen Details und auch einer abstrakten Ebene. Es darf etwas komplex und kompliziert sein.
✓ Möglicherweise Filmkamera oder Aufnahmegerät
✓ Raum richten
✓ Anleitung visualisieren (Tafel, Pinwand, Projektor ...)

TN-Zahl, Gruppierung

- Ideal: 8–12
- Plenum

Tempo, Stimmung

Ruhig, konzentriert, zunehmend heiter

Vorteil, Stärke, Chancen

– Kommunizieren
– Genau zuhören
– Präzise sprechen
– Präsentieren, Rhetorik, Spontaneität üben
– Falls erlaubt: Präzise fragen, verständlich antworten
– Sich in andere (Nicht-Wissende) hineinversetzen, sich einfühlen, Empathie
– Über seinen Schatten springen, über sich selbst lachen können
– Gedächtnis trainieren
– Sich konzentrieren, präsent sein
– Verschiedene Rollen ausprobieren
– Umgang mit Konflikten, Konflikte lösen
– Humorvoll sein, über sich selbst lachen können
– Erleben, wie mehrdeutig scheinbar „eindeutige" Botschaften sein können
– Erfahren, wie wichtig Fragen und Rückmeldungen sind (zweiseitig kommunizieren)
– In kurzer Zeit anschauliche Bei-Spiele erhalten und diese später grundsätzlich reflektieren

Nachteil, Schwäche, Risiko

– Es können Konflikte entstehen (*Das hast Du uns nicht gesagt ...,
  Das hast Du anders formuliert ...*)
– Sprecher kann Schuldgefühle entwickeln (*Das habe ich falsch
  verstanden ... Das habe ich mir nicht gemerkt ...*)
– TN, die vor der Tür warten, sind möglicherweise gelangweilt
  oder versuchen, an der Tür zu lauschen

Hinweise, Tipps

Beobachter können mit darauf achten, dass die Spielregeln eingehalten werden und sich Notizen machen, die sie in die Reflexion einbringen (s. Impulse zur Reflexion). Falls sinnvoll, entsprechendes Formular zum Ausfüllen vorbereiten.

Darauf achten, dass TN vor der Tür nicht lauschen

TN draußen beschäftigen (Rätselaufgabe o. Ä.)

Vorher-Nachher vergleichen: *Wie sehr weicht der Anfang vom Ende ab? Was ist verloren gegangen? Was ist hinzugekommen? Was*

hat sich verändert? Dafür eine Tabelle vorbereiten (Tafel, Pinwand, Projektor ...).

Visuelle oder akustische Aufnahmen gemeinsam ansehen oder anhören und vergleichen: *Welche Information ist wo und wann verloren gegangen, oder hinzugekommen?*

Varianten vergleichen: *Was war anders?* (Prozess, Verlauf, Ergebnis)

Konflikte auf konstruktive Weise in die Reflexion einbeziehen. Besonders Missverständnisse sind wertvolles Material! Sprecher in dem Fall von Schuldgefühlen entlasten!

Die Übung zeigt, wie schnell Missverständnisse entstehen. Zu Beginn ist sich der Sprecher meist sicher, dass die Botschaft eindeutig ist und klar rüberkommt (*„Es liegt doch auf der Hand"*)

Das künstliche „Sprechverbot" der Zuhörer zeigt, wie wichtig Rückfragen und Rückmeldungen sind (*„Wie hast Du das gemeint?" „Kannst Du das noch mal erklären"?*)

Bei der Reflexion darauf achten, dass keine Schuldigen gesucht werden (*A hat ..., B hat nicht ...*)

Hintergrundinformation: „Stabilität" von Information
A. Wie sich Information verändert
– Information wird reduziert
– Information kommt hinzu (dazu dichten, erfinden)
– Inhalte werden verändert: Aus schwarz wird weiß, Namen werden vertauscht, die Abfolge ändert sich, der Sinn geht verloren
B. Was die Information gefährdet und riskiert
– komplex
– mehrdeutig
– lückenhaft
– unklarer Zusammenhang
– sinnloses Nebeneinander
– abstrakt, nebulös
C. Was die Information sichert und schützt
– wiederholen
– vereinfachen
– anschaulich, bildlich darstellen
– konkret, kohärent
– Sinn, sinnvoller Zusammenhang
– 2-seitig: nachfragen, Verständnis prüfen und sichern!

Impulse zur Reflexion

Die TN zunächst nach ihrem Befinden und nach ihrer Erfahrung fragen.
Mögliche Fragen: s. Kap. A.1

Impulse zum Transfer

–   Wann, wo kommen ähnliche Situationen oder Verhaltensmuster vor?
–   Welche Erfahrungen lassen sich in den Alltag übertragen?
–   Was lässt sich daraus lernen?

Mögliche Antworten:
Wie schnell Missverständnisse entstehen; Gerüchteküche (so entstehen Gerüchte!), die Illusion, dass es „klar auf der Hand liegt"; die Illusion, dass „objektive" Information objektiv weitergegeben wird; die Anfälligkeit von „richtiger" Information; Vortrag, Meetings, Anweisungen, Risikokommunikation, Präzision; die Bedeutung von Rückmeldung oder Nachfragen; Ergebnis sicherstellen, die verschiedenen Seiten einer Botschaft (Sender – Empfänger); Emotionen können verloren gehen oder sich verändern; Schule, Hochschule: Frontalunterricht! Zu viel Stoff, kein roter Faden, unverständlich; Vortrag: sich im Detail verlieren; Hierarchie, Macht: unilaterale Kommunikation; Suche nach Sinn

Literatur

Leavitt HJ.1972: 116f
Pfeiffer JW. & Jones JE. 1974, Bd. 1: 25f: Das Gerücht
Wagner H. 2007: 67f
Wallenwein G. 2013: 230f (Die Treppe)
Weller R. 1999: (86) Gerüchteküche

Abb. S.27.1: Gerüchteküche; am Ende schließt sich der Kreis. Ob man seine eigene Geschichte wiedererkennt? (Nach einer Zeichnung von Rockwell N. 1948)

S.28   Unter der Hand

Thema: Kooperation
Worum es geht: erraten, wer die unsichtbare Münze hat
Worauf es zielt: Auflockerung, Aktivierung, Aufmerksamkeit

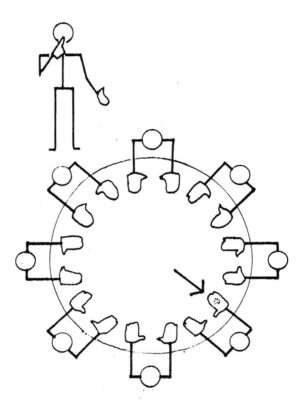

Geeignet für folgende Situation

Für eine Gruppe, die sich bereits kennt; im Laufe einer Veranstaltung; nach einer Pause, nach einer Arbeitsphase; als Einstieg in das entsprechende Thema

Ablauf und Abfolge

1. Ein TN ist der „Detektiv". Er steht etwas abseits und dreht sich um
2. Alle anderen TN sitzen reihum an einem langen (oder runden) Tisch
3. Darunter verstecken sie ihre Hände, bewegen diese und murmeln: *Unter der Hand, Unter der Hand* ...
4. Einem TN ein Geldstück in die Hand geben, das nun laufend durch die verschiedenen Hände wandert
5. Der Detektiv ruft ein Kommando
6. Die TN führen das Kommando aus; die entsprechende Position schnell einnehmen und darin bewegungslos verharren
7. Der Detektiv dreht sich um, läuft um den Tisch herum und versucht herauszufinden, wer die Münze hat

   Kommandos, welche die TN auszuführen haben:

   a. *Osterhase!*

      Beide Hände wie Hasenohren an den Kopf legen: Daumen an die Ohren, V-Zeichen mit Finger II &III

   b. *John Wayne!*

      Beide Hände zu je 1 Pistole formen: Arme anwinkeln, Hände zur Faust, Zeigefinger hoizontal nach vorn ausstrecken, Daumen vertikal nach oben

   c. *Hund!*

      Beide Hände wie Hundepfoten auf den Tisch legen

   d. *Doppelfaust!*

      Beide Hände zur Faust ballen: Eine Faust senkrecht auf die andere stellen, Daumen parallel zur Zimmerdecke

   e. *Pinocchio!*

      Mit beiden Händen eine lange Nase zeigen: Hände faustförmig, Daumen 1 berührt Nase, kleiner Finger 1 berührt Daumen 2, kleiner Finger 2 zeigt nach vorn

8. Der Detektiv nennt eine „verdächtige" Person. Diese öffnet die Hände:

   a. Hat sie die Münze *nicht*, wird das Spiel fortgesetzt: nächste Runde mit dem gleichen Detektiv

   b. Hat sie die Münze, wird dieser TN zum Detektiv (Rollenwechsel)

9. Der Detektiv hat 3 Versuche. Hat er die Münze in dieser Zeit nicht gefunden, wechseln die Rollen: Ein anderer TN wird Detektiv

Was zu beachten ist
- Bei größeren Gruppen: Zahl der Geldstücke oder der Detektive erhöhen
- Kommando: schnell ausführen!

Varianten
A. Der Detektiv darf zunächst bis 3 zählen, dann müssen alle TN ihre Hände flach auf den Tisch legen. Erst danach beginnt er mit den Kommandos
B. Der Detektiv dreht sich abrupt um, geht um den Tisch herum und beobachtet zunächst die TN. Dann ruft er eines der Kommandos (Schwierigkeit ↑)
C. Die TN stehen im Kreis, die Hände sind hinter dem Rücken, wo die Münze wandert. Der Detektiv steht in der Kreismitte
D. Die TN stehen im Kreis, die Hände sind nach vorne zur Kreismitte hin ausgestreckt und zur Faust geballt, wo die Münze wandert. Der Detektiv steht in der Mitte und schließt die Augen (Augenbinde)

Dauer
- Flexibel, abhängig von der Anzahl der TN
- Mind. 15 Min. & Reflexion

Raum
- Tischfläche, an der alle TN reihum sitzen können; möglichst kleine Einzeltische zusammenstellen
- Stolperfallen entfernen (Taschen, Flaschen ...)

Vorbereitung
- ✓ Ein Geldstück (50 Cent oder 1 €)
- ✓ Raum richten
- ✓ Anleitung visualisieren (Tafel, Pinwand, Projektor …)

TN-Zahl, Gruppierung
- 8–15
- Plenum

Tempo, Stimmung
Im Sitzen, auflockernd, heiter, lebhaft

Vorteil, Stärke, Chancen
- Aktivieren, Auflockern
- Heitere, ausgelassene Stimmung
- Genau hinschauen
- Kommunizieren (non-verbal)
- Körpersprache, Ausdrucksstärke, Spontaneität üben
- Sich in andere hineinversetzen, sich einfühlen
- Über seinen Schatten springen, über sich selbst lachen können
- Verschiedene Rollen ausprobieren
- Kooperieren, zusammenhalten
- Teamentwicklung
- Sich besser kennen lernen (wie man selbst und wie andere mit unklaren Situation umgehen)
- Umgang mit Konflikten, Konflikte lösen
- Humorvoll sein, über sich selbst lachen können
- Mit Überraschungen umgehen
- Ruhe bewahren, gelassen bleiben
- Geduldig und ausdauernd sein
- Wachsamkeit, Aufmerksamkeit, Konzentration
- In kurzer Zeit anschauliche Bei-Spiele erhalten und diese später grundsätzlich reflektieren

Nachteil, Schwäche, Risiko

- Fehlendes Erfolgserlebnis, wenn ein Detektiv es nicht schafft
- Gefühl der Isolation oder Ausgrenzung *(Die halten alle gegen mich zusammen)*
- Zusammenhalt der Gruppe auf Kosten eines Einzelnen

Hinweise, Tipps

Überzählige TN als Beobachter einsetzen, die mit darauf achten, dass die Spielregeln eingehalten werden und sich Notizen machen, die sie in die Reflexion einbringen (s. Impulse zur Reflexion). Falls sinnvoll, entsprechendes Formular zum Ausfüllen vorbereiten.

Falls der spielerische Charakter verloren geht, möglicherweise abbrechen. Diesen in einer kurzen Zwischenreflexion betonen.

Darauf achten, dass jeder Detektiv mindestens ein Erfolgserlebnis hat. Notfalls nachhelfen (Runde verlängern, Zahl der Kommandos erhöhen, Tempo erhöhen ...).

Impulse zur Reflexion

Die TN zunächst nach ihrem Befinden und nach ihrer Erfahrung fragen. Mögliche Fragen: s. Kap. A.1

Impulse zum Transfer

- Wann, wo kommen ähnliche Situationen oder Verhaltensmuster vor?
- Welche Erfahrungen lassen sich in den Alltag übertragen?
- Was lässt sich daraus lernen?

Mögliche Antworten:
Geldfluss, Verantwortung, Isolation, Bestechung, Verschwörung, Korruption, Frustrationstoleranz, Körpersprache, aus Gesichtern lesen, Lügendetektor, etwas vorspielen, die Wahrheit suchen, etwas durchstehen, Diplomatie, Cliquenbildung, Seilschaften, Außenseiter, Mobbing, Kontrolle, Unterwanderung, sich mit dem Geldschatz absetzen, Vertrauen, Misstrauen, Transparenz, mit der Wahrheit „herausrücken", die „Karten auf den Tisch legen", ausgegrenzt sein, Außenseiter, Rechnungshof, Controler

Literatur
Baer U. 2011: 298 (Ring wandert)
Rachow A. (Hg.) 2012: 157 (GrummelGrummel)
Wallenwein G. 2003: 103 (Steinchen, Steinchen, du musst wandern)

S.29 Veränderung

Thema: Wahrnehmung
Worum es geht: erkennen, was sich beim Gegenüber verändert hat
Worauf es zielt: Aufmerksamkeit, Konzentration, Präsenz

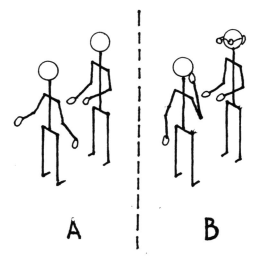

Geeignet für folgende Situation

Für eine Gruppe, die sich bereits kennt; im Laufe einer Veranstaltung; nach einer Pause, nach einer Arbeitsphase; als Einstieg in das entsprechende Thema

Ablauf und Abfolge

1. TN stehen sich paarweise gegenüber (A, B)
2. Beide betrachten sich genau und prägen sich Details ein (Frisur, Brille, Kette ...)
3. Nach ca. 1 Min. verlässt TN A den Raum
4. TN B verändert an sich ein Detail (Frisur, Brille, Kette ...)
5. Nach ca. 1 Min. kommt A zurück und versucht herauszufinden, was sich bei B verändert hat
6. Danach Rollenwechsel
7. Möglicherweise mehrere Durchgänge, möglicherweise mit Partnerwechsel (Rotationsverfahren)
8. Anschließend Reflexion

Was zu beachten ist

- Es darf nicht gesprochen werden
- Die Veränderungen sollen sichtbar sein
- Ruhige Umgebung wählen, genügend Zeit lassen

Varianten

A. Wettbewerb: Zwei Teams spielen gegeneinander. Team A nimmt heimlich Veränderungen vor und präsentiert diese Team B. Danach Rollenwechsel. Paarweise gegenüber oder als Gruppe. Die erfolgreichen Lösungen der Teams werden jeweils dokumentiert und miteinander verglichen (Tafel, Pinwand ...).
B. Eine Runde mit einseitiger Kommunikation: Der suchende Partner (B) darf sprechen und sein Gegenüber (A) befragen. A darf jedoch nicht antworten und soll sich möglichst unauffällig verhalten. Wird sich A non-verbal verraten?

Dauer
- Flexibel, abhängig von der Anzahl der TN und der Varianten
- Mind. 15 Min. & Reflexion

Raum
- Innen (ruhig)
- Größere freie Fläche, Stolperfallen entfernen (Taschen, Flaschen ...)

Vorbereitung
- ✓ Variable Kleidungsstücke oder Accessoires (Jacke, Schal, Kette, Haarspange, Armbanduhr, Gürtel, Schnürsenkel ...)
- ✓ Raum richten
- ✓ Anleitung visualisieren (Tafel, Pinwand, Projektor ...)

TN-Zahl, Gruppierung
- Ideal: 10–16
- Paare

Tempo, Stimmung
Leise, langsam, ruhig, konzentriert; dennoch heiter

Vorteil, Stärke, Chancen
- Zur Ruhe kommen, sich konzentrieren
- Wahrnehmung schärfen, genau hinschauen
- Aufmerksam und achtsam sein
- Präsent sein, sensibel sein
- Sich einfühlen, sich hineinversetzen
- Mit Überraschungen umgehen, spontan reagieren
- Gedächtnis trainieren
- Ruhe bewahren, gelassen bleiben
- Geduldig und ausdauernd sein
- Sich als Team erleben, idealerweise Erfolgserlebnis für das Team
- Auch verlieren können, Frustrationstoleranz
- In kurzer Zeit anschauliche Bei-Spiele erhalten und diese später grundsätzlich reflektieren

Nachteil, Schwäche, Risiko
– TN können sich sehr beobachtet fühlen. Auf ausreichenden Abstand achten und die verfügbare Zeit limitieren

Hinweise, Tipps
Überzählige TN als Beobachter einsetzen, die mit darauf achten, dass die Spielregeln eingehalten werden und sich Notizen machen, die sie in die Reflexion einbringen (s. Impulse zur Reflexion). Falls sinnvoll, entsprechendes Formular zum Ausfüllen vorbereiten.

Die verschiedenen Ergebnisse zunächst von den TN selbst präsentieren und erläutern lassen. Die Spannung möglichst lange aufrechterhalten. Erst am Ende die Lösung zeigen.

Impulse zur Reflexion
Die TN zunächst nach ihrem Befinden und nach ihrer Erfahrung fragen. Mögliche Fragen: s. Kap. A.1

Impulse zum Transfer
– Wann, wo kommen ähnliche Situationen oder Verhaltensmuster vor?
– Welche Erfahrungen lassen sich in den Alltag übertragen?
– Was lässt sich daraus lernen?

Mögliche Antworten:
Richtig hinschauen, auf Feinheiten achten, feine Signale wahrnehmen, wachsam sein; sich nicht aus der Ruhe bringen lassen, ganz da sein, ganz bei der Sache sein, sich nicht ablenken lassen, sich einstimmen, sich einfühlen, sich hineinversetzen, „zwischen den Zeilen lesen", nonverbale Kommunikation, „an der Nase herumgeführt werden", Lügendetektor, „Change"

Literatur
Rachow A. (Hg.) 2012: 183 (Partner beobachten)

S.30 Vorurteile

Thema: Kommunikation
Worum es geht: jeder TN erhält zufällig eine Rolle, die er selbst nicht erfährt. Die anderen TN verhalten sich entsprechend
Worauf es zielt: erfahren, wie sich Vorurteile auswirken können

Geeignet für folgende Situation

Für eine Gruppe, die sich bereits kennt; im Laufe einer Veranstaltung; als Einstieg in das entsprechende Thema

Ablauf und Abfolge

1. TN sitzen im Kreis (ca. 10)
2. Überzählige TN als Beobachter einsetzen
3. Jeder TN erhält ein Schild um den Hals, das für ihn selbst nicht einsehbar ist
4. Auf den Schildern stehen bestimmte Rollen, z. B.
   a. Boss
   b. Clown
   c. Besserwisser
   d. Versager
   e. Pedant
   f. Nörgler
   g. Sündenbock
   h. Klatschtante
   i. Arbeitstier
   j. Faultier
   k. Mimose
5. Die Gruppe erhält nun die Aufgabe, in der folgenden Besprechung ein Problem zu lösen oder eine neue Idee zu entwickeln

---

Beispiel 1: Seit kurzem zeigt die Gewinnkurve nur noch in eine Richtung: Nach unten. Was sollen wir tun?

Beispiel 2: Aus Asien gibt es neue Konkurrenz (Produktqualität, umweltfreundliche Autos …). Wie können wir darauf reagieren?

Beispiel 3: Wir brauchen neue Ideen (Regenerative Energie, Mobilität …), die Kunden laufen uns sonst davon. Wer hat eine gute?

---

6. Nach einer bestimmten Zeit die Runde stoppen. Jeden TN zunächst raten lassen, welche Rolle er hatte.
7. Anschließend Reflexion

Was zu beachten ist

- Rollen nach dem Zufallsprinzip austeilen (TN blind ziehen lassen)
- Möglichst eine weitere Runde mit Rollenwechsel einplanen, um TN nicht auf eine Rolle festzulegen
- Die TN dürfen die jeweilige Rolle nicht direkt aussprechen, sondern nur indirekt ausdrücken. Also nicht: *Du Arbeitstier*, sondern stattdessen: *Du arbeitest doch sowieso die Nacht durch.*
- Um persönliche Verletzungen zu vermeiden: *Namen ändern!* Die TN sollen sich *nicht* mit ihren richtigen Namen ansprechen, sondern mit *künstlichen* Namen (*Daniel* wird zu *Herr Meier*, *Clara* zu *Frau Müller* ...). Diese anderen Namen auch vorbereiten und austeilen (auf das Schild neben die Rolle schreiben, Namensschilder ...)

Varianten

A. Nur positive Rollen verwenden, z. B.
   a. führt wertebasiert (ethisch)
   b. nachdenklich
   c. humorvoll
   d. intelligent
   e. verantwortungsvoll
   f. kontaktfreudig
   g. zuverlässig
   h. fleißig
   i. immer gut gelaunt
   j. kreativ
   k. hochsensibel
   l. achtsam
   m. wertschätzend
   n. qualitätsbewusst
   ...

B. Jede Rolle hat ein Ziel oder einen Auftrag:
   a. ist dafür
   b. ist dagegen
   c. will endlich seine Ruhe
   d. ist genervt von ständigen Veränderungen
   e. will Action
   ...

C. Jede Rolle mit einer klaren Handlungsanweisung versehen:
   Clown: Lacht über mich!
   Experte: Bittet mich um Rat!

Verlierer: Habt Mitleid mit mir!

Chef: Widersprecht mir nicht!

...

D. Einigen TN keine Rollen geben (Schild ohne Aufschrift), um den Kontrast zu verdeutlichen

Dauer

- Flexibel, abhängig von der Anzahl der TN und der Varianten
- Mind. 10–15 Min. & Reflexion

Raum

- Innen
- Größere freie Fläche, Stolperfallen entfernen (Taschen, Flaschen ...)
- Stuhlkreis

Vorbereitung

- ✓ Je TN ein größeres Schild (DIN A 3 Papier, halbiertes Flipchart-Papier, Karton ...)
- ✓ Sichtschutz von oben anbringen: Oberen Rand um 90 Grad umklappen, ca. 5 cm breite Oberkante
- ✓ Schild lochen (2 Löcher mit Locher); eine Kordel einfädeln (ca. 1 m), die locker um den Hals hängen kann
- ✓ Auf jedes Schild eine der Rollen schreiben; große Druckbuchstaben!
- ✓ Alternativ Papierstreifen beschriften und als Stirnbänder anbringen
- ✓ Auf die Rückseite eine positive Variante schreiben (s. Variante A)
- ✓ Zusätzlich künstliche Namen austeilen (Herr Meier, Frau Müller ...)
- ✓ Raum richten
- ✓ Anleitung visualisieren (Tafel, Pinwand, Projektor ...)

TN-Zahl, Gruppierung
- Ideal: 10
- Plenum

Tempo, Stimmung
Sitzend, zunächst ruhig; zunehmend emotional, lebhaft

Vorteil, Stärke, Chancen
- Den Einfluss von Vorurteilen erkennen
- Sich Kreativitätskiller bewusst machen (s. Brunner 2008)
- Sich der Gefahren von negativer Gruppendynamik bewusst werden (s. Teil I, Kap. 3.2)
- Sich als Team erleben, in dem Fall auch im negativen Kontext
- Den Kontrast zu positiver Variante (A) erleben
- Mit Überraschungen umgehen, spontan reagieren
- Auch „einstecken" können, Frustrationstoleranz
- Humor bewahren, gelassen bleiben
- In kurzer Zeit anschauliche Bei-Spiele erhalten und diese später grundsätzlich reflektieren

Nachteil, Schwäche, Risiko
- TN können sich verletzt fühlen. Daher auf veränderte Namen achten! (*Herr Meier* ist gemeint, nicht *Daniel*; *Frau Müller* ist gemeint, nicht *Clara!*)
- Rolle kann nach dem Spiel an TN „hängen bleiben". Daher weitere Runde mit klarem Rollenwechsel einplanen

Hinweise, Tipps
Die TN zunächst fragen, welche Rolle sie wohl gehabt haben könnten. Erst danach die Rolle aufdecken!

Beobachter können mit darauf achten, dass die Spielregeln eingehalten werden. Diese können sich auch Notizen machen, die sie in die Reflexion einbringen (s. Impulse zur Reflexion). Falls sinnvoll, entsprechendes Formular zum Ausfüllen vorbereiten.

Bei größeren Gruppen Rollen verdoppeln, bei kleineren Rollen reduzieren.

Erfahrungsgemäß werden die TN in der Anfangsphase versuchen, sich sachlich zu verhalten und die „Rollen" der anderen TN zu ignorieren. Im Laufe der Zeit gewinnen diese Rollen jedoch an Gewicht: Die TN werden die anderen zunehmend so behandeln, wie es das jeweils zugeschriebene „label" vorsieht. Gleichzeitig werden sich die Betreffenden zunehmend so fühlen, wie es der jeweiligen Rolle entspricht.

Originalversion (überwiegend negative Rollen): Eine ruhige Besprechung oder kreative Ideenfindung wird zunehmend erschwert. Nach einiger Zeit ist der sachliche Lösungsprozess meist völlig blockiert. Die negative emotionale Dynamik dominiert – nichts geht mehr.

Variante A (positive Rollen) zum Vergleich einsetzen. Was hat sich durch die positive Version verändert?

Möglicherweise die gleiche Aufgabenstellung beibehalten, um Varianten vergleichen zu können.

Impulse zur Reflexion

Die TN zunächst nach ihrem Befinden und nach ihrer Erfahrung fragen.
Mögliche Fragen: s. Kap. A.1
Schlüsselfrage: Wie haben sich die Varianten ausgewirkt? (Verlauf, Ergebnis)

Impulse zum Transfer

- Wann, wo kommen ähnliche Situationen oder Verhaltensmuster vor?
- Welche Erfahrungen lassen sich in den Alltag übertragen?
- Was lässt sich daraus lernen?

Mögliche Antworten:
Wie einflussreich Vorurteile sind, Mobbing, Stigmatisierung, soziale Ausgrenzung, Cliquenbildung, Schubladendenken, in eine Schublade hineingedrängt werden, in der Falle sitzen, Engagement und Motivation verlieren, resignieren, innere Kündigung, Arbeit nach Vorschrift; schmalspuriges Denken, Scheuklappen, Ideenkiller; die Kraft der Gedanken und Worte – auch im positiven Sinne!

Literatur
Antons K. 1975: 175f (Normen, Vorurteile, Abwehr)
Jones A. 1999: 174f (Group Labels)
Pfeiffer JW. & Jones JE. 1979, Bd. 6: 46: Etikette – Erwartungen an Rolleninhaber
Rachow A. (Hg.) 2000: 141 (Vorurteil durch Label)

S.31 Wortkarten

Thema: Kommunikation
Worum es geht: TN erfinden eine Geschichte, in die sie bestimmte Begriffe einbauen
Worauf es zielt: Auflockerung, Spontaneität, Interaktion, Rhetorik

Geeignet für folgende Situation
Zu Beginn, nach einer Pause
Als Einstieg in das entsprechende Thema

1,2,3,→

Ablauf und Abfolge
1. Zwei Stuhlreihen stehen sich gegenüber; dazwischen möglicherweise eine Tischreihe
2. TN in zwei Gruppen einteilen (A, B), die sich gegenübersitzen
3. Jeder TN erhält 3 Blatt Papier und schreibt darauf in großen Druckbuchstaben je einen Begriff (Substantiv), ohne dass die andere Gruppe dies erfährt
4. Jeder TN hält seine eigenen Begriffe verdeckt parat
5. TN 1 aus Gruppe A (A1) beginnt, eine Geschichte zu erzählen: *Es war einmal …,* oder *Als ich neulich …* Die Geschichte kann kreativ, phantasievoll und einfallsreich sein
6. TN 1 aus B (B1) hält einen seiner Begriffe sichtbar hoch. A1 (Erzähler) baut diesen Begriff in die Geschichte ein
7. Nach ½ Minute hält B2 einen Begriff hoch. A2 setzt die Geschichte fort, in der dieser Begriff vorkommt. Die Fortsetzung beginnt mit dem Stichwort *Daraufhin …*
8. So geht es reihum, bis Gruppe A alle Begriffe von Gruppe B in die Geschichte eingebaut hat
9. Jetzt werden die Seiten getauscht: Gruppe B beginnt eine neue Geschichte. Gruppe A zeigt nacheinander ihre Begriffe, welche Gruppe B reihum in ihre Geschichte einbaut

Was zu beachten ist
– Bei der Erzählung geht es um Dynamik und gute Laune. Zögern, Warten und Verlegenheitszeichen (Stöhnen, Augen verdrehen, an den Kopf fassen …) vermeiden!
– Bei der Sammlung der Begriffe dürfen sich die TN einer Gruppe untereinander abstimmen
– Bei der Sammlung der Begriffe darauf achten, dass die jeweils andere Gruppe diese nicht erfährt
– Es dürfen auch ausgefallene und ungewöhnliche Begriffe sein. Wenig bekannte Fachbegriffe oder Fremdworte vermeiden.
– Begriffe sollten ein gewisses Niveau haben
– Immer nur einen Begriff zeigen, so dass der Überraschungseffekt erhalten bleibt

- Sich bei jedem Begriff ca. ½ Minute aufhalten, damit es nicht zu schnell geht
- Die Geschichte beginnt mit *Es war einmal* ...
- Die Übergabe erfolgt mit dem Begriff *Daraufhin* ...

Varianten

A. Die Gruppe bleibt als Plenum zusammen. Die Blätter mit den Begriffen einsammeln und mischen. Jeder TN zieht nacheinander einen Begriff und baut ihn in eine laufende Geschichte ein. Diese kann kreativ und einfallsreich sein. So geht es reihum, bis jeder mehrmals an der Reihe war und alle Begriffe aufgebraucht sind

B. Ein TN zieht nacheinander 2–3 Begriffe und erzählt damit eine Geschichte

C. Jeder TN beginnt eine neue Geschichte

D. Die Art der Geschichte kann verschieden sein:
   - ein Märchen
   - eine Fantasiegeschichte
   - eine Ich-Erzählung
   - eine „professionelle" Präsentation
   - ...

E. Es findet ein Wettbewerb statt (zwischen beiden Gruppen oder einzelnen TN). Eine neutrale Jury vergibt Punkte nach bestimmten Kriterien: Begriff sinnvoll eingebaut, Zeit ausgefüllt, Originalität, Kreativität, Humor, Dynamik, gute Laune, kein Zögern, keine Verlegenheitsgesten, flüssig ...

Dauer

- Flexibel, abhängig von der Anzahl der TN und der Varianten
- Mind. ½ Min. je Begriff, je nach rhetorischer Fähigkeit & Reflexion

Raum
- Zwei Stuhlreihen, die sich gegenüberstehen
- Dazwischen kann auch eine Tischreihe stehen (Einzeltische nebeneinander gereiht)

Vorbereitung
- ✓ Pro TN: 3 Blatt Papier (DINA4 oder A3), 1 dicker Filzschreiber
- ✓ Stoppuhr
- ✓ Raum richten
- ✓ Anleitung visualisieren (Tafel, Pinwand, Projektor …)

TN-Zahl, Gruppierung
- Ideal: 10–14
- Plenum

Tempo, Stimmung
Im Sitzen, schlagfertig, spontan, heiter

Vorteil, Stärke, Chancen
- Präsentieren, Rhetorik, Redegewandtheit
- Aktivierung, Auflockerung
- Spontan, schlagfertig sein
- Geistesgegenwärtig, präsent sein
- Witz, Humor, „Sprechdenken"
- Über seinen Schatten springen
- Verschiedene Rollen ausprobieren
- Kreativität, Phantasie, improvisieren
- Humorvoll sein, über sich selbst lachen können
- Spontan reagieren, mit Überraschungen umgehen
- Ruhe bewahren
- In kurzer Zeit anschauliche Bei-Spiele erhalten und diese später grundsätzlich reflektieren

Nachteil, Schwäche, Risiko

- Sprachlich nicht so versierte TN können sich unterlegen oder isoliert fühlen. Darauf achten, dass die Stimmung heiter bleibt und sich niemand „blamiert" fühlt
- Geschichte kann den Sinn oder roten Faden verlieren
- TN können ein Blackout haben und dadurch „herausfallen"

Hinweise, Tipps

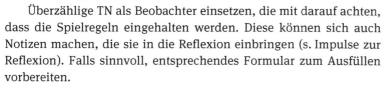

Bei jedem neuen Begriff sollte der Sprecher mind. 3–5 Sätze erzählen: Jeweils davor und danach!

Überzählige TN als Beobachter einsetzen, die mit darauf achten, dass die Spielregeln eingehalten werden. Diese können sich auch Notizen machen, die sie in die Reflexion einbringen (s. Impulse zur Reflexion). Falls sinnvoll, entsprechendes Formular zum Ausfüllen vorbereiten.

Bei Einsatz der Filmkamera die einzelnen Situationen analysieren: *Wie gehe ich mit Störungen um, wie verhalte ich mich in schwierigen Situationen, wie wirke ich bei Überraschungen ...*

Impulse zur Reflexion

Die TN zunächst nach ihrem Befinden und nach ihrer Erfahrung fragen. Mögliche Fragen: s. Kap. A.1

Impulse zum Transfer

- Wann, wo kommen ähnliche Situationen oder Verhaltensmuster vor?
- Welche Erfahrungen lassen sich in den Alltag übertragen?
- Was lässt sich daraus lernen?

Mögliche Antworten:
Bei Präsentationen mit unvorhergesehenen Situationen klarkommen, Überraschungen meistern, mit Störungen umgehen lernen, es mit Humor nehmen, auch über sich selbst lachen können, die Fassung nicht verlieren, auf Körpersprache achten, sein Gesicht wahren, Meeting, Vortrag, Projektarbeit

Literatur
Dürrschmidt P. et al. 2014: 103 (Drei-Wort-Übung)

S.32 Zauberstab

Thema: Kooperation
Worum es geht: gemeinsam einen Stab auf den Boden legen
Worauf es zielt: erfahren, dass Ziel und Ergebnis häufig auseinander driften

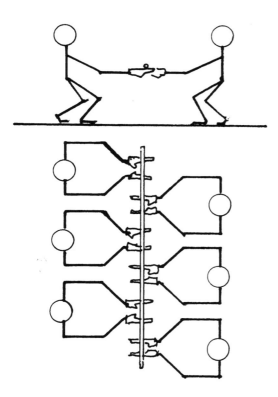

Geeignet für folgende Situation

Für eine Gruppe, die sich bereits kennt; als Einstieg in das entsprechende Thema; nach einer Pause, nach einer Arbeitsphase („eine schwere Last ablegen")

1,2,3, →

Ablauf und Abfolge

1. Zwei gleich große Teams bilden (je 4–6 TN)
2. Jedes Team (A, B) bildet jeweils eine Reihe und steht Schulter an Schulter nebeneinander
3. Beide Reihen stellen sich von Angesicht zu Angesicht gegenüber: jeweils etwas versetzt (Prinzip Reißverschluss), im Abstand von ca. 50 cm
4. Jeder TN winkelt beide Arme rechtwinklig an. Beide Hände bilden in Ellenbogenhöhe eine Faust. Der Daumen liegt oben auf dem Zeigefinger
5. Beide Zeigefinger zeigen horizontal nach vorn, also zum Gegenüber. Die Daumen bleiben auf der Faust angelegt
6. Alle Zeigefinger bilden nun eine gleichmäßig hohe Reihe: wie ein Reißverschluss, ohne sich zu berühren
7. Die Stange zeigen und die Aufgabe erklären:
   a. Ich werde den Stab gleich auf alle Zeigefinger legen. Ihre Aufgabe ist es, den Stab gemeinsam auf den Boden zu legen.
   b. Bitte beachten Sie folgende Regeln:
      I. Mit den Zeigefingern den Stab *ständig* berühren
      II. Es ist nicht erlaubt, den Stab anders festzuhalten, etwa mit dem Daumen oder gar einzuklemmen
      III. Wenn jemand eine Regel verletzt, wird abgebrochen und neu begonnen
   c. Wenn Ihre Finger den Boden berühren, können Sie diese herausziehen und die Stange ablegen
8. Den Stab auf die gleichmäßig hohe Reihe der Zeigefinger legen, bis jeder den Stab berührt. Dann den Stab loslassen
9. Möglicherweise mehrere Runden
10. Anschließend Reflexion

Was zu beachten ist

- *Der Clou:* Der Stab strebt in der Regel eher in die Höhe als in die Tiefe. Das Team befindet sich daher bald in Schwierigkeiten. Meist gelingt es erst nach mehreren Anläufen, den Stab auf den Boden zu legen
- Auf Schummelversuche achten (z. B. Finger vom Stab lösen) und sofort darauf reagieren!
- Je leichter die Stange und je mehr TN, desto schwieriger

Varianten

A. Bei größeren Gruppen: Weitere TN als Beobachter bestimmen. Nach einiger Zeit die Rollen wechseln
B. Aufteilung in zwei Gruppen mit je einem eigenen Stab. Es entsteht ein Wettbewerb: Welches Team ist schneller? Zeit stoppen
C. Zeitvorgabe (1 Min, 2 Min ...)
D. An die Enden des Stabs etwas hängen, das herunter rutschen kann (Schlüsselbund, Flaschenöffner ...), so dass der Stab waagerecht zu halten ist
E. Holzleiste statt Stange: Darauf Gegenstände plazierten (z. B. Streichholzschachteln)

Dauer

- Flexibel, abhängig von der Anzahl der TN und der Varianten
- Mind. 10–15 Min. & Reflexion

Raum

- Innen oder im Freien
- Größere freie Fläche, Stolperfallen entfernen (Taschen, Flaschen ...)

Vorbereitung

✓ Leichter Stab von ca. 2–3 m Länge
Bambusstab, Zeltstange, Aluminiumstange (∅ ca. 1 cm), Holzleiste oder Zollstock

✓ Stablänge: pro TN ca. 50 cm rechts und links

✓ Möglicherweise einen zweiten Stab

✓ Stoppuhr

✓ Raum richten

✓ Anleitung visualisieren (Tafel, Pinwand, Projektor ...)

TN-Zahl, Gruppierung

– 8–12 je Stab

– Plenum

Tempo, Stimmung

Langsam, ruhig, konzentriert, zeitweise lebhaft

Vorteil, Stärke, Chancen

– Erfahren, dass der gute Wille allein nicht genügt

– Erfahren, dass Ziel und Ergebnis häufig auseinander driften

– Als Team zusammenwachsen, Teamentwicklung

– Gemeinsam eine Herausforderung meistern

– Ruhig werden, sich konzentrieren

– Wahrnehmen, koordinieren

– Sich einfühlen, sich hineinversetzen, achtsam sein

– Sich abstimmen, kooperieren

– Frustrationstoleranz, Umgang mit „Scheitern"

– Fehlertoleranz, Fehler analysieren

– Konstruktiver Umgang mit Konflikten oder Problemen

– Humorvoll sein, über sich selbst lachen können

– Mit Überraschungen umgehen, gelassen bleiben

– Erfahren, wie sinnlos die Suche nach einem „Sündenbock" ist

– Verschiedene Rollen ausprobieren (leiten, sich leiten lassen)

Nachteil, Schwäche, Risiko

- Es können Konflikte entstehen
- Erfahrungsgemäß kommt es schnell zu Schuldzuweisungen *(Runter da hinten! Was macht ihr denn da vorne?)*
- Diese reflexartigen Verhaltensweisen eignen sich für die anschließende Reflexion

Hinweise, Tipps

Beobachter können mit darauf achten, dass die Spielregeln eingehalten werden und sich Notizen machen, die sie in die Reflexion einbringen (s. Impulse zur Reflexion). Falls sinnvoll, entsprechendes Formular zum Ausfüllen vorbereiten.

Wenn der spielerische Charakter verloren geht, möglicherweise abbrechen. Diesen in einer kurzen Zwischenreflexion betonen.

Wenn die Stange zum wiederholten Mal nach oben geht, möglicherweise abbrechen. Kurze Zwischenreflexion: *Woran liegt es? Was könnten Sie beim nächsten Anlauf verbessern?*

Meist gelingt die Aufgabe erst nach mehreren Anläufen und nach einiger Diskussion, Analyse und strukturiertem Vorgehen.

Das Spiel möglichst mit einem Erfolgserlebnis beenden, also der Gruppe am Ende einen Erfolg ermöglichen.

Impulse zur Reflexion

Die TN zunächst nach ihrem Befinden und nach ihrer Erfahrung fragen. Mögliche Fragen: s. Kap. A.1

Impulse zum Transfer

- Wann, wo kommen ähnliche Situationen oder Verhaltensmuster vor?
- Welche Erfahrungen lassen sich in den Alltag übertragen?
- Was lässt sich daraus lernen?

Mögliche Antworten:

Wenn etwas nicht gelingt, wird gleich ein Sündenbock gesucht; der gute Wille allein genügt nicht; Intention und Aktion können divergieren; das System betrachten statt „bad apples" suchen (systemisches Denken); Resilience, durchhalten; die Initiative ergreifen; das Ruder in die Hand nehmen; die anderen machen lassen; innere

Kündigung; Abstimmung; Fehlerkultur; Frustrationstoleranz, Unternehmenskultur; in Balance bleiben; Projektarbeit

Literatur
Dürrschmidt P. et al. 2014: 349 (Zauberstab)
Heckmair B. 2008: 35 (Schwebender Stab)
König S. 2014: 41 (Der schwebende Bambusstab)
Rachow A. (Hg.) 2002: 111 (Eine schwere Last ablegen)

Teil III: **Anhang**

A.1 Impulse zur Reflexion

Hier einige Fragen, die sich nach einem Spiel anbieten, um es zu reflektieren. Die ersten 3 bis 5 eignen sich besonders zum Einstieg und zu Beginn. Nähere Information zur *Kunst des Fragens* finden sich an anderer Stelle (Brunner 2013a).

- Wie geht es Euch jetzt?
- Wie ist es Euch bei der Übung ergangen?
- Was habt Ihr dabei erfahren?
- Wie habt Ihr die Übung erlebt?
- Wie habt Ihr Euch selbst verhalten?
- Wie haben sich die anderen verhalten?
- Welche Rollen hat es gegeben?
- Wie wurden sie verteilt?
- Wie ist es Euch in der jeweiligen Rolle ergangen?
- Wie habt Ihr die anderen in ihrer jeweiligen Rolle erlebt?
- Inwiefern haben sich die Rollen wechselseitig beeinflusst?
- Was ist passiert?
- Was hat sich im Laufe der Zeit verändert?
- Was ist verloren gegangen?
- Was ist hinzugekommen?
- Was wurde verändert (vertauscht, verdreht, verzerrt)?
- Welche Herausforderungen gab es?
- Wie hat sich das Team organisiert?
- Wie sah der Entscheidungsprozess im Team aus?
- Wie wurde das Ergebnis und dessen Qualität überprüft?
- Was hat die Aufgabe erschwert?
- Was hat oder hätte die Aufgabe erleichtert?
- Was hat oder hätte bei der Lösung geholfen?
- Was ist im Laufe der Zeit besser geworden? Was ist zunehmend schwerer oder leichter gefallen?
- Welchen Unterschied haben die Varianten bewirkt?
- Wie ließe sich der Prozess verbessern?
- Wie ließe sich das Ergebnis verbessern?
- Welche Schlüsselkompetenzen waren gefragt oder wurden gefördert?

Es gibt zwei gleich
gefährliche
Abwege: Die
Vernunft
schlechthin zu
leugnen, und außer
der Vernunft nichts
anzuerkennen.
(Blaise Pascal)

Auswertung. Beispiel hier: „Hinhören" (Teil II)

A.2 Fair Play Serie: Wissenschaftlicher Hintergrund

Die in dieser Serie (Fair Play) genannten Spiele sind im Licht der *Spieltheorie* zu sehen. Allgemeine Ausführungen dazu finden sich in Teil I (Kap. 4.5).

Die genaue Anleitung der hier genannten Bei-Spiele finden sich in Teil II (*Fair Play Serie* S. 8–13). „Apfelbaum" gehört im weiteren Sinne ebenfalls zu den spieltheoretischen Spielen.

Im Folgenden werden einige dieser Spiele genauer beleuchtet.

A.2.1 Zu Fair Play 1. Apfelbaum

Das Spiel ist eine von der Autorin abgewandelte Form aus dem *Harvard-Konzept* (s. S.8). Als Beispiel dient dort eine Orange, um die sich zwei Schwestern streiten. Das Ergebnis: Beide teilen die Orange. Sie finden also einen *Kompromiss*.

Der Clou: Die eine Schwester wollte das Fruchtfleisch, um es zu essen, die andere wollte die Schalen, um einen Kuchen zu backen. Beide Schwestern werfen den Teil weg, den sie nicht brauchen.

Da sie sich vorher nicht richtig verständigt haben, fanden sie nur eine suboptimale Lösung, einen *Kompromiss*. Das Harvard-Modell zielt auf eine *Win-win-Lösung*, die mehr ist als ein Kompromiss: Jeder gewinnt – oft sogar mehr als erhofft; und niemand verliert. Dies ist nur dann möglich, wenn aus dem *Ich* ein *Wir* wird:

Wir haben ein *gemeinsames* Problem.

Dies setzt voraus, dass man sich auch mit den Interessen des Gegenübers beschäftigt, also Fragen stellt, gut zuhört, kurzum: Mit offenen Karten spielt. Dann sucht man nach möglichst vielen kreativen Optionen. Anschließend wählt man eine Option aus, die möglichst alle Interessen abdeckt. Das bedeutet in diesem Beispiel: Die eine Schwester erhält das *gesamte* Fruchtfleisch, die andere die *gesamte* Schale (s. Kasten).

„Allzu oft geht es Verhandlungspartnern jedoch so wie den beiden sprichwörtlichen Schwestern, die über eine Orange stritten. Nachdem sie schließlich übereingekommen waren, die Frucht zu halbieren, nahm die erste ihre Hälfte, aß das Fleisch und warf die Schale weg; die andere warf stattdessen das Innere weg und benutzte die Schale, weil sie nämlich lediglich einen Kuchen backen wollte. Allzu oft lassen die Verhandlungspartner sozusagen ‚Geld auf dem Tisch liegen‘ – sie kommen zu keiner Übereinstimmung, oder die Übereinstimmung hätte für alle Seiten besser aussehen können. Viel zu viele Übereinstimmungen enden mit einer halben Orange für jede Seite, anstatt der ganzen Frucht für die eine und der ganzen Schale für die andere. Warum?" *(Fisher et al. 2015: 98)*

Weitere Hinweise:
1. Spieltheorie: s. Teil I (Kap. 4.5)
2. Anleitung des Spiels: s. Teil II (S.8)

Allzu oft lassen die Verhandlungspartner sozusagen ‚Geld auf dem Tisch liegen‘ – sie kommen zu keiner Übereinstimmung, oder die Übereinstimmung hätte für alle Seiten besser aussehen können. (Roger Fisher)

„Apfelbaum" (Teil II)

A.2.2 Zu Fair Play 2. Kooperation im Gefängnis – Das Gefangenendilemma

Ein Klassiker der Spieltheorie ist das *Gefangenendilemma*. Die Anleitung wird in Teil II beschrieben (s. S.9).

Es wurde in den 1950er-Jahren von amerikanischen Mathematikern entwickelt, die im Rüstungsbereich arbeiteten (Merrill *Flood*,

Melvon *Dresher* und Albert *Tucker*). Inzwischen gibt es unterschiedliche Varianten, das Prinzip ist jedoch immer gleich (s. a. Diekmann 2013: 29f):

–   Wenn beide Spieler miteinander kooperieren, folgt eine (mäßige) Belohnung,
–   Wenn keiner kooperiert, folgt eine (mäßige) Strafe.
–   Die soziale „Falle" besteht in der *Versuchung*: Wenn der Andere kooperiert, man selbst jedoch nicht, erhält man selbst die größte Belohnung. Der Andere dagegen ist *„der Dumme"*: Er erhält die maximale Strafe.

Im Mittelpunkt des Spiels stehen zwei Gegenpole:

–   *Vertrauen* versus *Misstrauen*
–   *Treue* versus *Verrat*,
–   *Kooperation* versus *Egoismus*.

Dieses Spannungsverhältnis findet sich auf der ganzen Welt, im Kleinen wie im Großen: Tandemfahren, Schwarzfahren, Steuerhinterziehung, Abholzen der Wälder oder CO_2-Emissionen. Ganz nach dem Motto: Solange die anderen bezahlen, geht es mir gut; wenn keiner mehr bezahlt (oder das System kollabiert), geht es allen gleichermaßen schlecht.

Kein Wunder also, dass das Spiel zu einem Klassiker wurde. Entwickelt wurde es in der Zeit des Rüstungswettlaufs zwischen den USA und der Sowjetunion. Dieses *„Nuclear Dilemma"* gilt als Paradebeispiel für die Tragweite, die dieses Spiel entwickeln kann.

Das Spiel ist jedoch nicht auf militärische Fragen begrenzt. Vielmehr umfasst es sämtliche Lebensbereiche:

> The prisoner's dilemma is a universal concept. Theorists now realize that prisoner's dilemma occur in biology, psychology, sociology, economics and law. *(Poundstone 1992: 9)*

Im Zentrum steht ein Interessenskonflikt zwischen 2 Parteien.

> Study of the prisoner's dilemma has great power for explaining why animal and human societies are organized as they are. It is one of the great ideas of the 20th century, simple enough for anyone to grasp and of fundamental importance. *(ebd.)*

Die ideale Lösung? Diese Frage stellte sich der amerikanische Politikwissenschafter *Robert Axelrod*. 1980 ließ er Spieltheoretiker in einer groß angelegten Computersimulation gegeneinander antreten, um die unterschiedlichen Strategien miteinander zu vergleichen. Die *Überraschung*: Gewonnen hat eine einfache Strategie, die ein Professor aus Wien, *Anatol Rapoport*, eingereicht hatte: TIT FOR TAT (*Wie Du mir, so ich Dir*). Die Versuchsleiter erinnern sich:

> An analysis of the 3 million choices [...] identified the impressive robustness of TIT for TAT as dependent on three features: It was never the first to defect, it was provocable into retaliation by a defection of the other, and it was forgiving after just one act of retaliation. *(Axelrod & Hamilton 1981: 1393)*

Das bedeutet: In der ersten Runde kooperieren. Und danach den anderen Spieler imitieren. Also bei jedem Spielzug genau das nachmachen, was der andere vor-gemacht hat. Mit anderen Worten: „*Wie Du mir, so ich Dir*", oder: „*Auge um Auge, Zahn um Zahn*".

Spätere Experimente fanden eine noch erfolgreichere Variante, die etwas milder war: Auch immer wieder bereit sein, einzulenken. Also zwischendurch bewusst kooperieren, um Vertrauen zu gewinnen und den andern auf ein anderes, „schöneres Spiel" umzustimmen. Nach dem Motto: „*Wie ich Dir, so Du mir?*". An dieser Version hätte der indische Pazifist, *Mahatma Gandhi* (1869–1948), mehr Gefallen, denn: „*Auge um Auge, und die ganze Welt wird blind sein*".

Gehirn im Spiel: Was passiert beim Gefangenendilemma?

Mit dieser Frage wurden 36 Versuchspersonen im Hirnscanner (fMRI) untersucht. Das Ergebnis: Wenn beide Seiten reziprok kooperierten, waren Hirnareale aktiviert, die mit Motivation und Belohnung assoziiert sind (s. Abb. Anhang 1). Die Neurologen vermuten, dass dies die *evolutionsbiologische Grundlage* für altruistisches Verhalten ist: Dieses wird intrinsisch belohnt!

> We have identified a pattern of neuronal activation that may be involved in sustaining cooperative social relationships, perhaps by labeling cooperative social interactions as rewarding, and/or by inhibiting the selfish impulse to accept but not reciprocate an act of altruism. *(Rilling et al. 2002: 403)*

Der Mediziner und Hirnforscher Manfred Spitzer fasst die Studie zusammen:

> Die Aktivierung des Belohnungssystems bei kooperativem Verhalten verstärkt ein solches Verhalten und führt letztlich zu mehr Altruismus. Es motivierte die Teilnehmer zur Kooperation und vor allem dazu, der Versuchung kurzfristiger Vorteilnahme zu widerstehen. *(Spitzer 2012: 300)*

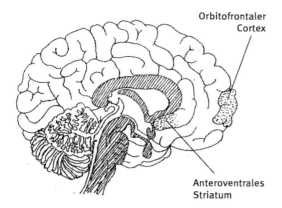

Orbitofrontaler
Cortex

Anteroventrales
Striatum

Abb. Anhang 1: Gefangenendilemma im Hirnscanner: Verhielten sich die Spieler symmetrisch kooperativ, waren Hirnareale aktiv, die für Motivation und Belohnung stehen. (Darstellung nach Rilling et al. 2002, s. a. Spitzer 2012: 300)

Weitere Hinweise:
1. Spieltheorie: s. Teil I, Kap. 4.5
2. Anleitung des Spiels: s. Teil II, S.9

A.2.3 Zu Fair Play 3. Ja oder Nein: Das Ultimatumspiel

Das *Ultimatumspiel* wird von Verhaltensforschern gerne gewählt, um *Fairnessverhalten* zu untersuchen (Diekmann 2013: 52f). Die Anleitung wird in Teil II beschrieben (s. S.10). Experimentell wurde es erstmals von einer Kölner Arbeitsgruppe eingesetzt.

> There are many experimental studies of bargaining behavior, but surprisingly enough nearly no attempt has been made to investigate the so-called ultimatum bargaining behavior experimentally. *(Güth et al. 1982: 367)*

Es geht darum, einen „Kuchen" aufzuteilen, meist in Form eines Geldbetrags (z. B. 10 €). Ein „Diktator" könnte sich dabei eigenmächtig und ohne Folgen bedienen. Wenn er sich das größte Stück nimmt, hat der Mitspieler keine Wahl: Er muss das kleine Reststück akzeptieren. Eine Variante, die sich *Diktatorspiel* nennt.

Anders beim *Ultimatumspiel*: Hier hat der Mitspieler ein „Vetorecht". Der Empfänger (B) kann somit den Verlauf des Spiels beeinflussen: Entweder er nimmt das Angebot an, die entsprechenden Beträge werden ausgezahlt und das Spiel geht weiter. Oder er lehnt ab. Dann bekommt *keiner* etwas und *„das Spiel ist aus"*.

Wie wird sich der Empfänger entscheiden? Diese Frage wurde in vielen, auch kulturübergreifenden Studien untersucht. Ein typisches Ergebnis findet sich in Abb. Anhang 2.

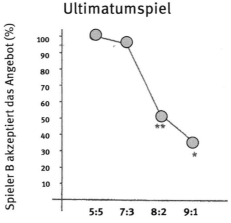

Abb. Anhang 2: Ultimatumspiel: Spieler A macht ein Angebot. Wie häufig wird es vom Mitspieler (B) akzeptiert? Dies hängt von der Fairness ab. (nach Sanfey et al. 2003, s. a. Spitzer 2008a: 271)

Das Ergebnis bringt die Theorie des „*Homo oeconomicus*" kräftig ins Wanken: Demnach sollte ein rational kalkulierender Empfänger jeden noch so kleinen Betrag akzeptieren, nach dem Motto: *Wenig ist besser als nichts.* In diesem Fall also: 1 Cent ist besser als gar keiner. Umgekehrt sollte ein nüchterner Anbieter den größten Betrag für sich behalten, in diesem Fall also 9,99 €.

Die Realität sieht jedoch anders aus: Die meisten Empfänger haben eine Schmerzgrenze. Wird sie überschritten, also ein bestimmter Betrag unterschritten, verzichten sie lieber ganz, als sich mit kleinen „Almosen" abspeisen zu lassen (Sanfey et al. 2003, s. a. Spitzer 2008a: 269f).

Auf der anderen Seite schlagen die meisten Spender (A) ein faires Angebot von 50:50 vor. Dies gilt sogar dann, wenn die Empfänger (B) kein Vetorecht haben (Diktatorspiel), also das Angebot annehmen müssen (Spitzer 2005; 9: 774). Die Rolle des „Diktators" wird also in der Regel *nicht* ausgenutzt. Der Sinn für Fairness scheint demnach evolutionsbiologisch tief verankert zu sein (Bauer 2008, s. A.2.4).

Gehirn im Spiel: Was passiert beim Ultimatum-Spiel?

Diese Frage interessiert Neurowissenschaftler, geht es doch um die biologische Grundlage der Kooperation.

Wagen wir einen kurzen Blick in den Hirnscanner.

Im Ultimatumspiel übernahmen 19 Versuchspersonen die Rolle des *Empfängers (B)*. Dabei wurden ihre Gehirne im Scanner untersucht. Das Ergebnis war eindeutig: Bei unfairen Angeboten reagierten bestimmte Areale, die mit unangenehmen Empfindungen und negativen Emotionen zusammenhängen (Schmerz, Hunger, Durst, Wut, Ekel).

> Unfair offers elicited activity in brain areas related to both emotion (anterior insula) and cognition (DLPFC). Further, significantly heightened activity in anterior insula for rejected unfair offers suggests an important role for emotions in decision-making. *(Sanfey et al. 2003: 1755)*

Eines der Hirnareale, die vordere Insel, reagierte besonders sensibel. Deren Aktivität war umso stärker, je unfairer das Angebot war, d. h. je eher die Spieler dazu neigten, es abzulehnen (s. Abb. Anhang 3).

> Die Insel scheint damit so etwas wie ein zentralnervöser Repräsentant von Neid, Ärger und Abscheu bei subjektiv unfairer Behandlung zu sein. *(Spitzer 2008a: 273)*

Ultimatumspiel

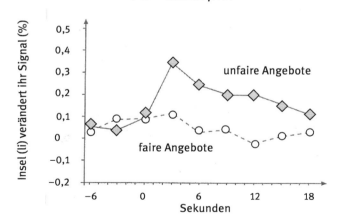

Abb. Anhang 3: Ultimatumspiel im Hirnscanner, Empfänger (B): Bei unfairen Angeboten ist die Insel deutlich stärker aktiv. (Darstellung nach Sanfey et al. 2003: 1757; s. a. Spitzer 2008a: 273)

Gleichzeitig war ein zweites Hirnareal aktiviert: Der Dorso-Laterale Prä-Frontale Cortex (DLPFC). Dieses Areal steht für nüchternes Abwägen und rationales Überlegen. Im Gegensatz zur Insel war er dann aktiver, wenn das unfaire Angebot *angenommen* wurde (s. Abb. Anhang 4).

> Der DLPFC und die Insel sind damit gleichsam Gegenspieler, der eine will Geld, der andere Gerechtigkeit, und es setzt sich mal der eine und mal der andere im konkreten Verhalten durch. *(ebd.: 275)*

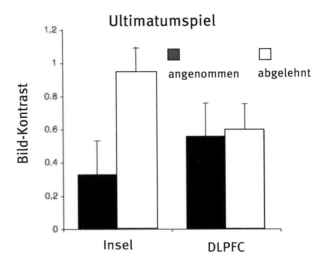

Abb. Anhang 4: Ultimatumspiel im Hirnscanner, Empfänger (B): Ist die Insel aktiv, wird ein unfaires Angebot eher abgelehnt. Ist ein bestimmtes Areal im Cortex aktiver, wird ein unfaires Angebot eher angenommen. (Darstellung nach Sanfey et al. 2003: 1757; s. a. Spitzer 2008a: 275)

Die Probanden befanden sich also in einem inneren Konflikt. Es wundert daher nicht, dass ein drittes Areal aktiviert war (Gyrus cinguli anterior). Dieses ist mit der Vermittlung zwischen zwei Reaktionsmöglichkeiten assoziiert, also mit dem inneren Abwägen und Entscheidungsprozess. (s. Abb. Anhang 5)

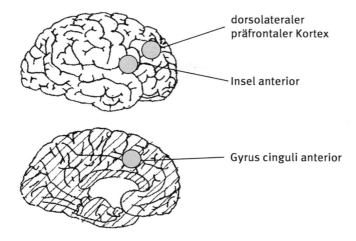

dorsolateraler
präfrontaler Kortex

Insel anterior

Gyrus cinguli anterior

Abb. Anhang 5: Ultimatumspiel im Hirnscanner, Empfänger (B): Die untersuchten Hirnareale. (Darstellung nach Sanfey et al. 2003: 1757; s. a. Spitzer 2008a: 272)

Weitere Hinweise:
1. Spieltheorie: s. Teil I (Kap. 4.5)
2. Anleitung des Spiels: s. Teil II (S.10)

A.2.4 Zu Fair Play 4. Alles in einen Topf: Gemeinschaftliche Investitionen (Common Good Game)

Synonym: Public Good Game, Das Öffentliche-Güter-Spiel (ÖGS)

Dieses Spiel wählen Wissenschaftler gerne, um Kooperation, Vertrauen und Fairness zu untersuchen. Die Anleitung wird in Teil II beschrieben (s. S.11).

Die Spieler erhalten zu Beginn ein Startkapital, das sie in einen gemeinsamen „Topf" (Fond) investieren können. Dort wird es sich verzinsen, also um einen bestimmten Prozentsatz vermehren. Anschließend wird das gestiegene Vermögen wieder an die Spieler ausgeschüttet. Der Haken an der Sache: Die Ausschüttung erfolgt gleichmäßig an alle Spieler, unabhängig, ob und wieviel diese vorher investiert hatten. Kein Spieler kann dabei ausgeschlossen werden, auch nicht ein unfairer „Trittbrettfahrer" (Diekmann 2013: 120f).

Wenn beispielsweise fast alle Spieler investieren und einer nicht, entsteht eine unfaire Situation: Derjenige, der sich gedrückt hat, profitiert am meisten. Er kassiert einen Teil des Gesamtgewinns, den die anderen erwirtschaftet haben. Man kann sich die emotionalen Reaktionen vorstellen, die in einer solchen Spielrunde entstehen.

Die Frage ist nun: Macht es einen Unterschied im Spielverlauf, wenn die Spieler unfaires Verhalten bestrafen können?

Um diese Frage zu beantworten, wurde ein bestimmtes Experiment durchgeführt. Die Ökonomen ließen das Spiel in zwei Varianten spielen.

1. Die Spieler waren *„ohnmächtig"*: Sie mussten jedes Ergebnis hinnehmen, ohne sich gegen unfaires Verhalten wehren zu können.
2. Die Spieler konnten *Strafpunkte* verteilen: Trittbrettfahrer mussten dann eine empfindliche Geldbuße einstecken.

Wie wirkten sich die beiden Varianten auf das Spiel aus?

Das Ergebnis war eindeutig (s. Abb. Anhang 6). Waren die Spieler gegenüber unfairem Verhalten wehrlos, nahm ihre Kooperationsbereitschaft deutlich ab: Sie verweigerten zunehmend, zu investieren und „mitzuspielen". Offenbar machte das Spiel so keinen Spaß. Umgekehrt stieg die Kooperationsbereitschaft, wenn die Spieler unfaires Verhalten bestrafen konnten: Die Investitionen gingen ständig in die Höhe. Die Motivation stieg, mitzuspielen und den Anderen zu vertrauen.

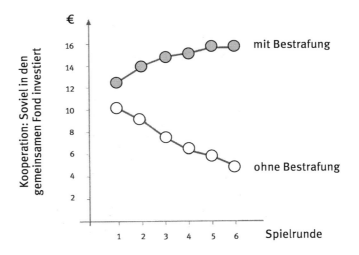

Abb. Anhang 6: Wie hoch ist die Bereitschaft, in einen gemeinsamen Topf zu investieren? Die Ergebnisse zeigen zwei unterschiedliche Bedingungen für unfaires Verhalten: Einmal mit, einmal ohne Bestrafung. (nach Fehr & Gächter 2002: 138; s. a. Spitzer 2012: 306)

Bemerkenswert war noch ein anderes Ergebnis. Die Strafpunkte waren nicht umsonst zu vergeben, sondern verursachten demjenigen Kosten, der sie austeilte. Wollte ein Spieler also jemanden bestrafen, verlor er selbst Geld (z. B. 1 € je ausgeteiltem Strafpunkt).

Würden die Spieler diese „Rechnung" auch dann bezahlen, wenn sie den egoistischen „Trittbrettfahrer" danach nicht wieder sehen würden? Selbst also gar nichts mehr davon haben?

Um dies zu erfahren, wurde die Zusammensetzung der Gruppe laufend verändert, um eine Art *„anonyme Gemeinschaft"* zu erzeugen. Und tatsächlich: Auch in diesem unverbindlichen Kontext straften die Spieler unfaires Verhalten. Offenbar waren sie bereit, den Preis zu zahlen, auch wenn sie keinen direkten Nutzen davon hatten.

Was treibt Spieler zu solch selbstlosen Tun an? Die Neuroökonomen befragten die Betreffenden selbst. Das Ergebnis: Unkooperatives Verhalten hatte starke negative Emotionen ausgelöst, besonders bei denjenigen, die sich sehr engagiert und kooperativ gezeigt hatten. Je größer die Diskrepanz des Engagements (maximale versus minimale Investition), desto größer der Ärger bei denjenigen, die sich „ausgenutzt" fühlten. Umgekehrt rechneten „Trittbrettfahrer" („free riders") mit dem Ärger ihrer „Opfer" und erwarteten diesen sogar!

> However, punishment may well benefit the future group members of a punished subject, if that subject responds to the punishment by raising investments in the following periods. In this sense, punishment is altruistic. *(Fehr & Gächter 2002: 137)*

Die Bedeutung der „altruistischen Bestrafung" („altrustic punishment") ist nicht zu unterschätzen. Die Forscher vermuten, hier auf der Spur eines wichtigen evolutionären Schlüssels zu sein.

> Our evidence has profound implications for the evolutionary study of human behavior. [...] Altruistic punishment is a key force in the establishment of human cooperation. *(ebd.: 139)*

Eine zentrale evolutionsbiologische Frage lautet nämlich: Warum sind Menschen überhaupt bereit, zu kooperieren, auch wenn sie nicht verwandt sind? Offenbar zeichnet sich die menschliche Spezies – im Vergleich zu anderen Lebewesen – durch eine ausgeprägte Kooperationsbereitschaft aus, die genetische Grenzen überschreitet.

Ein wichtiger *Schlüssel* scheint hier gefunden: Die *selbstlose Bestrafung*, wenn der Andere sich egoistisch verhält. Diese erhöht offenbar die generelle Bereitschaft, auch in anonymen Situationen zu kooperieren und fördert damit das kooperative Verhalten *aller* Mitglieder. Die altruistische Bestrafung nützt daher vor allem *der gesamten* Gruppe oder *künftigen* Mitgliedern.

> Thus, our evidence suggests that evolutionary study of human cooperation in large groups of unrelated individuals should include a focus of explaining altruistic punishment. *(ebd.)*

Die gute Nachricht: Wissenschaftler gehen inzwischen von einem angeborenen Gerechtigkeitssinn aus, der mit starken Emotionen verknüpft ist. Diese hinterlassen sichtbare Spuren im Gehirn. Ein Zusammenhang, der schon bei Kleinkindern und auch bei Tieren zu beobachten ist.

Der deutsche Mediziner und Neurobiologe *Joachim Bauer* resumiert:

> Mehr als Drei Viertel aller „normalen Menschen" wählen also ein primär kooperatives Vorgehen. *(Bauer 2008: 189)*

Und weiter:

> Das 'Rational-choice'-Modell hat sich definitiv als falsch erwiesen. Der Schaden, der mit diesem Modell in Unternehmen, aber auch in der Pädagogik und weiteren wichtigen gesellschaftlichen Bereichen angerichtet wurde, ist erheblich. Menschen sind keine ‚zweckrationalen Entscheider', sie ziehen kooperatives Vorgehen einzelkämpferischen Strategien vor. *(ebd.: 191)*

Dieses Resumee gilt auch für das Ultimatumspiel (s. Kap. S.10).

Weitere Hinweise:
1. Spieltheorie: s. Teil I (Kap. 4.5)
2. Anleitung des Spiels: s. Teil II (S.11)

Menschen sind keine ‚zweckrationalen Entscheider', sie ziehen kooperatives Vorgehen einzelkämpferischen Strategien vor. (Joachim Bauer)

Fair Play (Teil II)

A.2.5 Zu Fair Play 5. Wer bietet mehr? Versteigerung

Synonym: Dollar-Auktion

Ein ebenfalls bekanntes Spiel ist die *Versteigerung*. Die Anleitung wird in Teil II beschrieben (s. S. 12). Entwickelt wurde es in den 1970er-Jahren von dem amerikanischen Mathematiker und Wirtschaftswissenschaftler *Martin Shubik* (geb. 1926). Der Professor der Yale University wollte einen bestimmten Mechanismus zeigen: Die Eskalation.

> This simple game is a paradigm for escalation. Once the contest has been joined, the odds are that the end will be a disaster to both. *(Shubik 1971: 111)*

Das Spiel eignet sich auch für größere Gruppen und entwickelt eine besondere Dynamik. Es beginnt mit einer scheinbar einfachen Auktion um einen Geldschein (ursprünglich 1 US-Dollar), den der Meistbietende erhalten soll. Durch eine bestimmte Zusatzregel entsteht jedoch eine unvorhergesehene Wende: Die Auktion schaukelt sich hoch und ab einem bestimmten Punkt können die beteiligten Bieter nicht mehr schadlos aussteigen. Gewinner ist in der Regel der Auktionator, der oft das Vielfache des eingesetzten Betrags verdient.

Was will das Spiel zeigen? Wie leicht und ahnungslos man in eine Falle geraten kann, aus der man kaum noch herauskommt. Und wie schnell Emotionen überhand nehmen und das Verhalten dominieren.

Allan Teger, ein amerikanischer Professor an einer School of Education, hat dieses Spiel im Hörsaal durchgeführt. Die Studenten entschuldigten sich anschließend für ihr irrationales Verhalten. Besonders Wirtschaftsstudenten war es rückblickend peinlich, Geld „verspielt" zu haben. Letztlich war ihr Verhalten jedoch völlig „durchschnittlich": Es war die besondere Spielregel, die unmerklich eine so schädliche Dynamik entwickelte. *„Zu viel investiert, um auszusteigen"*, so die Bilanz.

> The point [...] was to develop a game which could be used in a rigorous study of the 'too much invested to quit' phenomenon on the context of escalation of conflict. *(Teger 1980: 14)*

Die Parallele zum Wettrüsten und zu kriegerischen Konflikten liegt auf der Hand. So ist es kein Zufall, dass das Spiel in der Zeit des Vietnam-Kriegs entwickelt wurde, um die Gefahr des selbstschädigenden Wettrennens aufzuzeigen. Ähnliche Situationen finden sich überall: Auf privater, beruflicher, nationaler wie internationaler Ebene.

Weitere Hinweise:
1. Spieltheorie: s. Teil I (Kap. 4.5)
2. Anleitung des Spiels: s. Teil II (S.12)

A.2.6 Zu Fair Play 6. Im Flaschenhals: Das Panik-Experiment

Dieses Spiel wird in Teil II beschrieben (s. S.13). Entwickelt wurde es, um an einem einfachen Beispiel zu demonstrieren, was in Paniksituationen passiert (Mintz 1951). Der enge Flaschenhals symbolisiert einen Notausgang, auf den alle zustürzen. Im Normalfall würden Menschen diesen Ausgang in wenigen Minuten passieren. Sobald einer jedoch beginnt, zu eilen, zu drängeln und zu schubsen, imitieren andere dieses Verhalten. Ein Teufelskreis beginnt und die Tür ist blockiert. In diesem Spiel entsteht die Situation dann, wenn ein Wettbewerb ausgerufen wird: *Mach, so schnell Du kannst! Denke nur an Deinen eigenen Erfolg!*

Ähnliche Muster kommen auch in anderen Situationen vor: Eine knappe Ressource, die alle haben wollen; ein begehrtes Ziel, auf das alle zulaufen; zu Beginn der Urlaubszeit, wenn alle Autos auf der Autobahn stehen. Auch hier gibt es ein soziales Dilemma: Das eigene Ego durchsetzen oder zurückstellen? Losstürmen oder sich absprechen? Aus spieltheoretischer Sicht handelt es sich dabei um ein *„Koordinationsproblem"* (Diekmann 2013: 109).

Mintz ließ das Spiel auch in einer zweiten Varianten durchspielen: Der „kooperativen" Variante. Die Aufgabe blieb gleich, nur der Kontext war verändert: Die Gruppe sollte, besser *durfte* kooperieren. Dabei gab es weder Belohnungen noch Strafgebühren. Das Ergebnis: Diese Gruppen waren am erfolgreichsten und effektivsten! „Verstopfungen" am Flaschenhals blieben aus und das Ziel wurde am schnellsten erreicht.

> There were no „traffic jams" in the no-reward experiments. [...] On the other hand, there were inefficient behavior and „traffic jams" in more than half of the reward-and-fine experiments, in which the subjects were confronted with the probablility of individual failure. *(Mintz 1951: 157)*

Weitere Hinweise:
1. Spieltheorie: s. Teil I (Kap. 4.5)
2. Anleitung des Spiels: s. Teil II (S.13)

Wer die Fähigkeit,
zu spielen, verliert,
verliert auch das
Gefühl dafür, dass
die Welt plastisch
ist.
(R. Sennett)

„Koffer packen" (Teil II)

Literatur

A

Antons K, Amann A, Clausen G, König O, Schattenhofer K. *Gruppenprozesse verstehen. Gruppendynamische Forschung und Praxis*. Leske + Budrich, Opladen 2001

Antons K. *Praxis der Gruppendynamik. Übungen und Techniken*. Hogrefe Verlag, Göttingen 1975

Antons K, Enke E, Malzahn P, v. Troschke J. *Kursus der medizinischen Psychologie. Gruppendynamische Didaktik*. Urban & Schwarzenberg, München 1971

APA. *Dictionary of Psychology*. VandenBos GR. (ed. in chief), Washington 2015

Axelrod R, Hamilton WD. *The Evolution of Cooperation*. Science 1981; 211: 1390–1396

B

Baer U. 666 *Spiele*. Kallmeyer – Klett Verlag, Seelze 2011 (ursprünglich 1994)

Bally G. *Vom Spielraum der Freiheit. Die Bedeutung des Spiels bei Tier und Mensch*. Schwabe & Co, Basel/Stuttgart 1966 (ursprünglich: Vom Ursprung und von den Grenzen der Freiheit, 1945)

Basieux P. *Die Welt als Spiel. Spieltheorie in Gesellschaft, Wirtschaft und Natur*. Rowohlt, Reinbek/Hamburg 2008

Bateson P. *The Role of Play in the Evolution of Great Apes and Humans*. In: Pellegrini AD, Smith PK.: The Nature of Play. The Guilford Press, New York 2005: 13–24

Bäumer B. *Schöpfung als Spiel. Der Begriff lila im Hinduismus, seine philosophische und theologische Deutung*. UNI Druck, München 1969

Bauer J. *Spiegelneurone. Nervenzellen für das intuitive Verstehen sowie für Lehren und Lernen*. In: Caspary R. (Hg.): Lernen und Gehirn. Herder Verlag, Freiburg 2010: 36–53

Bauer J. *Prinzip Menschlichkeit*. Heyne Verlag, München 2008

Bavelas A, Lewin K. *Zur Schulung demokratischer Führungseigenschaften*. (Original: *Training in Democratic Leadership*. J of Abnormal and Social Psychology, 1942; 37: 115–119). In: Brocher T. Entwicklung der Gruppendynamik. Wissenschaftliche Buchgesellschaft, Darmstadt 1985: 54–61

Berne E. *Spiele der Erwachsenen*. Rowohlt, Reinbek/Hamburg 2014 (ursprünglich: Games People Play, 1964)

Bolhuis JJ, Fitzgerald RE, Dijk DJ, Koolhaas JM. *The Corticomedial Amygdala and Learning in Agonistic Situation in the Rat*. Physiology & Behavior 1984; 32 (4): 575–579

Birnthaler M. *Teamspiele*. Verlage Freies Geistesleben, Stuttgart 2014

Bonkowski F. *Werte ins Spiel bringen*. Neukirchener Aussaat, Neukirchen 2015

Boring EG. *A new ambiguous figure*. American Journal of Psychology 1930: 444

Bowlby J. *Bindung als sichere Basis*. E. Reinhardt Verlag, München 2014 (Original: A Secure Base. Clinical Applications to Attachment Theory. New York 1988)

Bradford LP, Gibb JR, Benne KD. *Gruppentraining*. Klett Verlag, Stuttgart 1972 (ursprünglich: T-Group Theory and Laboratory Method. Innovation in Re-education 1964)

Brewster D. *Sir Issak Newton's Leben nebst Darstellung seiner Entdeckungen*. Göschen Verlag, Leipzig 1833

Brewster D. *The Life of Sir Isaac Newton*. Murray Ed., London 1831

Brocher T. *Gruppendynamik und Erwachsenenbildung*. Westermann Verlag, Braunschweig 1967

Brocher T, Kutter P. *Entwicklung der Gruppendynamik*. Wissenschaftliche Buchgesellschaft, Darmstadt 1985

Brown S. *Play. How it shapes the brain, opens the imagination, and invigorates the soul*. Avery, New York 2009

Brown S. *Animals at Play*. National Geographic. 1994.12; 186 (6): 2–35

Brunner A. *Die Kunst des Fragens*. Hanser Verlag, München 2013a

Brunner A. *Ordnung ins Chaos*. Hanser Verlag, München 2013b

Brunner A. *„ALLEGRO": Ein Lehr- und Lernmodell. Oder: Wie aus Studenten Dozenten werden*. Das Hochschulwesen (HSW) 2011; 04: 135–143

Brunner A. [mit E. Armstrong, Harvard University]: *Feedback als Schlüsselelement einer neuen Lehr- und Lernkultur*. Rubrik Fort- und Weiterbildung (continuing medical education, cme). Das Gesundheitswesen 2010;
Teil I: Theoretischer Hintergrund. 72: 749–758
Teil II: Praktische Anleitung und Beschreibung eines Dozententrainings. 72: 840–850

Brunner A. *Kreativer denken*. Konzepte und Methoden von A–Z. Oldenbourg Wissenschaftsverlag, München 2008

Brunner A. *Team Games – Schlüsselkompetenzen spielend trainieren? Ein sich selbst steuerndes Lehrmodell in 10 Schritten*. Personal- und Organisationsentwicklung in Einrichtungen der Lehre und Forschung (P-OE) 2006; 4: 110–115

Burgdorf J, Panksepp J, Beinfeld MC, Kroes R, Moskal JR. *Regional brain cholecystokinin changes as a function of rough-and-tumble play behavior in adolescent rats*. Peptides 2006; 27: 172–177

Buytendijk FJJ. *Wesen und Sinn des Spiels*. K. Wolff Verlag, Berlin 1933

C

Caillois R. *Die Spiele und die Menschen*. Langen/Müller Verlag, München 1965 (ursprünglich 1958)

Christakis DA, Zimmerman FJ, Garrison MM. *Effect of Block Play on Language Acquisition and Attention in Toddlers*. Archives of Pediatrics and Adolescent Medicine 2007: 161 (10): 967–971

Cramer F. *Symphonie des Lebendigen*. Insel Verlag, Frankfurt 1998

Csikszentmihalyi M. *Flow-Das Geheimnis des Glücks*. Klett-Cotta Verlag, Stuttgart 2013 (ursprünglich: Flow – The Psychology of Optimal Experiences. New York, 1990)

D

Diekmann A. *Spieltheorie. Einführung, Beispiele, Experimente.* Rowohlt, Reinbek/Hamburg 2013

Dixit AK, Nalebuff BJ. *Spieltheorie für Einsteiger.* Schäffer-Poeschel Verlag, Stuttgart 1995

Dorsch. *Lexikon der Psychologie.* Wirtz MA & Strohmer J. (Hg.), Hans Huber Verlag, Bern 2013

Duden. *Etymologie. Herkunftswörterbuch der deutschen Sprache.* Band 7. Dudenverlag, Berlin 2014

Dürrschmidt P et al. *Methodensammlung für Trainerinnen und Trainer.* manager-Seminare Verlags GmbH, Bonn 2014

E

Eibl-Eibesfeldt I. *Die Biologie des menschlichen Verhaltens.* Buch-Vertrieb Blank GmbH, Vierkirchen-Pasenbach 2004 (ursprünglich 1984)

Eigen M, Winkler R. *Das Spiel. Naturgesetze steuern den Zufall.* C. Rieck Verlag, Eschborn 2015 (ursprünglich 1985)

Engl J, Thurmaier F. *Wie redest Du mit mir?* Kreuz Verlag, Freiburg 2012

EU, Europäische Union: *Schlüsselkompetenzen für lebensbegleitendes Lernen- Ein Euopäischer Referenzrahmen.* Amtsblatt Anhang 2006: L394/10–18

F

Fehr E, Gächter S. *Altrustic punishment in humans.* Nature 2002; 415: 137–140

Fisher R, Ury W, Patton B. *Das Harvard Konzept.* Campus Verlag, Frankfurt 2015 (ursprünglich: Getting to Yes, 1981)

Frank, JD. *Experimental studies of personal pressure and resistance. I. Experimental production of resistance.* Journal of General Psychology 1944; 30: 23–41

Freud S. *Massenpsychologie und Ich-Analyse.* Internationaler Psychoanalytischer Verlag, Wien 1921

Fröhlich WD. *Wörterbuch Psychologie.* dtv München 2010

G

Geißler KA. *Schlußsituationen.* Beltz Verlag, Weinheim 2005

Goffman E. *Wir alle spielen Theater.* Piper Verlag, München 2014 (ursprünglich: The Presentation of Self in Everday Life, 1959)

Gordon NS, Burke S, Akil H, Watson SJ, Panksepp J. *Socially induced brain 'fertilization': play promotes brain derived neurotrophic factor transcription in the amygdala and dorsolateral frontal cortex in juvenile rats.* Neuroscience Letters 2003; 341: 17–20

Groos K. *Die Spiele der Menschen.* Gustav Fischer Verlag, Jena 1899

Güth W, Schmittberger R, Schwarze B. *An experimental analysis of ultimatum bargaining.* Journal of Economic Behavior and Organization. 1982; 3: 367–388

H

Hahn K. *Erziehung zur Verantwortung.* In: Klett Verlag, Stuttgart 1958 (ursprünglich 1954)

Haney C, Zimbardo P. *The Past and Future of U.S. Prison Policy. 25 Years after the Stanford Prison Experiment.* American Psychologist 1998; 53 (7): 709–727

Harlow F, Harlow MK. *Social Deprivation in Monkeys.* Scientific American 1962; 207: 136–146

Harmon K. *Soziale Tiere – Menschlicher als gedacht.* Gehirn und Geist 2013; 7–8: 60–65

Hassenstein B. *Verhaltensbiologie des Kindes.* Monsenstein und Vannerdat, Münster 2006

Heckmair B. *20 erlebnisporientierte Lernprojekte.* Beltz Verlag, Weinheim 2008

Hesse H. *Das Glasperlenspiel.* Suhrkamp Verlag, Frankfurt 2005 (ursprünglich 1943, Zürich)

Heyse V, Schircks AD. *Kompetenzprofile in der Humanmedizin.* Waxmann Verlag, Münster 2012

Heyse V, Erpenbeck J. *Kompetenztraining – Informations- und Trainingsprogramme.* Schäffer-Poeschel Verlag, Stuttgart 2009

Hofstätter PR. *Gruppendynamik – Kritik der Massenpsychologie.* Rowohlt, Reinbek/Hamburg 1986

Horowitz A. *Theory of mind in dogs? Examining method and concept.* Learning and Behavior 2011; 4: 314–317

Huizinga J. *Homo ludens.* Rowohlt, Reinbek/Hamburg 2015 (ursprünglich 1938)

I

Ickes BR, Pham TM, Sanders LA, Albeck DS, Mohammed AH, Granholm AC. *Long-Term Environmental Enrichment Leads to Regional Increases in Neurotrophic Levels in Rat Brain.* Experimental Neurology 2000; 164: 45–52

Izawa K. *Die Affenkultur der Rotgesichtsmakaken.* In: Brockhaus-Redaktion (Hg.) Grzimeks Enzyklopädie Säugetiere. Brockhaus, Mannheim 1997 (2): 286–295

Jones A. *Team Building Activities for Every Group.* Rec Room Publishing, Richland 1999

Jones A. *More Team Building Activities for Every Group.* Rec Room Publishing, Richland 2002

K

Kim C. W. *Der Blaue Ozean als Strategie.* Hanser Verlag, München 2005

Kirsten RE, Müller-Schwarz J. *GruppenTraining.* Adlibri Verlag, Hamburg 2008 (ursprünglich 1973)

Köhler W. *Intelligenzprüfungen an Menschenaffen.* Springer, Berlin 1921

König O, Schattenhofer K. *Einführung in die Gruppendynamik.* Carl-Auer Verlag, Heidelberg 2015

König S. *Warming-up in Seminar und Training.* Beltz, Weinheim 2014

L

Leavitt HJ. *Managerial Psychology*. The University of Chicago Press 1972

Lewin KP. *Social Play in Apes*. In: Pellegrini AD, Smith PK. The Nature of Play. The Guilford Press, New York 2005: 27–53

Lewin K. *Experimente über den Sozialen Raum*, 1953 (Original: *Die Lösung sozialer Konflikte*. Christian Verlag, Bad Nauheim 1953: 112–127. Amerikanisches Original veröffentlicht 1939). In: Brocher T. Entwicklung der Gruppendynamik. Wissenschaftliche Buchgesellschaft, Darmstadt 1985: 41–53

Lewin K, Lippitt R, White RK. *Untersuchungen über den Zusammenhang zwischen experimentell geschaffenen Gruppenatmosphären und aggressiven Verhaltensmustern*. (Original: Patterns of Aggressive Behavior in Experimentally Created 'Social Climates', J of Social Psychology; 1939; 10: 271–299); In: Brocher T. Entwicklung der Gruppendynamik. Wissenschaftliche Buchgesellschaft, Darmstadt 1985: 7–40

Lorenz K. *Die Rückseite des Spiegels*. Piper Verlag, München 1997 (ursprünglich 1973)

Lorenz K. *Vergleichende Verhaltensforschung*. Weltbild Verlag, Augsburg 1995 (ursprünglich 1978)

M

Mayo E. *The social problems of an industrial civilization*. Routledge & Kegan Paul Ltd., London 1949

Mayr E. *Konzepte der Biologie*. Hirzel Verlag, Stuttgart 2005

Mertens D. *Schlüsselqualifikationen*. Mitteilungen aus der Arbeitsmarkt- und Berufsforschung (mittAB), 1974; 7 (1): 36–43

Meyer-Holzapfel M. *Das Spiel bei Säugetieren*. In: Helmcke JG et al. (Hg.): Handbuch der Zoologie. De Gruyter Verlag, Berlin 1963; 8.2 (10.5): 1–36

Milgram S. *Das Milgram-Experiment: Zur Gehorsamsbereitschaft gegenüber Autorität*. Rowohlt Verlag, Reinbek/Hamburg 2013 (Original: Obedience to Authority. An Experimental View, New York 1974)

Mintz A. *Non-Adaptive Group Behavior*. The Journal of Abnormal and Social Psychology. 1951; 46 (2): 150–159

Monod J. *Zufall und Notwendigkeit*. dtv Verlag, München 1996 (Original: Le hasard et la nécessité, Paris 1970)

Mouton JS & Blake RR. *Instrumentiertes Lernen in Gruppen*. Vogel Verlag, Würzburg 1978

O

OED: *Oxford English Dictionary*. Online-Ausgabe; Stand: 2015

P

Pellegrini AD, Dupuis D, Smith PK. *Play in evolution and development*. Developmental Review 2007; 27: 261–276

Pfaller R. *Wofür es sich zu leben lohnt.* Fischer Verlag, Frankfurt 2011

Pfeiffer JW. & Jones JE. *Arbeitsmaterial zur Gruppendynamik, Serie,* Band 1–6.
Christopherus-Verlag, Freiburg 1974–1979 (Original: A Handbook of Struc-
tured Experiences for Human Relations Training, Vol. I–VI, Set 1969–1977)

Platon. *Nomoi (Gesetze),* Buch IV–VII. Schöpsdau K. (Übers.), Vandenhoeck &
Ruprecht, Göttingen 2003

Poundstone W. *Prisoner's Dilemma.* Doubleday Verlag, New York 1992

R

Rachow A. (Hg.) *Ludus & Co.* managerSeminare Verlags GmbH, Bonn 2012

Rachow A. (Hg.) *Spielbar II.* managerSeminare Verlag, Bonn 2002

Rachow A. (Hg.) *Spielbar.* managerSeminare Verlag, Bonn 2000

Rahner H. *Der spielende Mensch.* Johannes Verlag Einsiedeln, Freiburg 2008
(ursprünglich 1948)

Rechtien W. *Angewandte Gruppendynamik.* Beltz Verlag, Weinheim 2007

Rilling JK, Gutman DA, Zeh TR, Pagnoni G, Berns GS, Kilts CD. *A Neural Basis for
Social Cooperation.* Neuron 2002; 35: 395–405

Rockwell N. *The Gossips.* The Saturday Evening Post, Cover 1948, March 06

S

Sachser N. *Neugier, Spiel und Lernen. Verhaltensbiologische Anmerkungen zur
Kindheit.* Zeitschrift für Pädagogik 2004; 4: 475–86 (Kurzfassung in:
Forschung und Lehre 2004; 12: 652–654)

Sachser N. *What is Important to Achieve Good Welfare in Animals?* In: Broom DM.
Coping with Challenge. Dahlem University Press, Berlin 2001: 31–48

Sanfey AG, Rilling JK, Aronson JA, Nystrom LE, Cohen JD. *The Neural Basis of
Economic Decision-Making in the Ultimatum Game.* Science 2003; 300:
1755–1758

Sartre J.-P. *Geschlossene Gesellschaft* (Original: Huis clos 1947). In: König T. (Hg.)
Gesammelte Werke. Rowohlt Verlag, Reinbek/Hamburg 1991

Sbandi P. *Feed Back in sensitivity training.* Gruppenpsychotherapie und
Gruppendynamik 1970; 4: 17–32

Schaub H, Zenke KG. *Wörterbuch Pädagogik.* dtv, München 2007

Schiller F. *Über die ästhetische Erziehung des Menschen* (um 1793). Reclam,
Ditzingen 2005

Schwarz K. *Die Kurzschulen Kurt Hahns.* Henn Verlag, Ratingen 1968

Shubik M. *The Dollar Auction Game: A Paradox in Noncooperative Behavior and
Escalation.* Conflict Resolution 1971; 15 (1): 109–111

Spitzer M. *Lernen.* Spektrum Akademischer Verlag, Heidelberg 2012

Spitzer M. *Selbstbestimmen.* Spektrum Akademischer Verlag, Heidelberg 2008a

Spitzer M. *Spielen und Lernen.* Nervenheilkunde 2008b; 27: 458–462

Spitzer M. mit Fischbacher U, Herrnberger B, Grön G, Fehr E. *The Neural Signature
of Social Norm Compliance.* Neuron 2007; 56: 1985–1996

Spitzer M. *Bedingungen von Kooperation.* Nervenheilkunde 2005; 9: 773–777

Stahl E. *Dynamik in Gruppen. Handbuch der Gruppenleitung.* Beltz Verlag,
Weinheim 2012

T

Teger A. *Too much invested to quit.* Pergamon Press, New York 1980
Tenorth HE. & Tippelt R. *Lexikon Pädagogik.* Beltz Verlag, Weinheim 2012
Tuckman BW. *Developmental Sequence in Small Groups.* Psychological Bulletin
    1965; 63 (6): 384–399

W

Wagner H. *Perfekt sprechen.* Hanser, München 2007
Wallenwein GF. *Spiele: Der Punkt auf dem i.* Beltz Verlag, Weinheim 2013
Weller R. *Kreative Spiele.* Reclam jun. Verlag, Stuttgart 1999

Z

Zimbardo PG. *Stanford-Gefängnis-Experiment.*
    In: http://www.prisonexp.org/deutsch/, abgerufen 2015/05
Zimbardo PG. *Revisiting the Stanford Prison Experiment. A Lesson in the Power of*
    Situation. The Chronicle of Higher Education, 2007; 53 (30): B6
Zimbardo PG. *Der Luzifer-Effekt.* Springer Verlag, Heidelberg 2012
Zimpel AF. *Spielen macht schlau!* GU Verlag, München 2014

Index